Hossameldeen Azzaz

Pectinase: produção e aplicação na formulação da dieta de búfalas

Hossameldeen Azzaz

Pectinase: produção e aplicação na formulação da dieta de búfalas

ScienciaScripts

Imprint

Any brand names and product names mentioned in this book are subject to trademark, brand or patent protection and are trademarks or registered trademarks of their respective holders. The use of brand names, product names, common names, trade names, product descriptions etc. even without a particular marking in this work is in no way to be construed to mean that such names may be regarded as unrestricted in respect of trademark and brand protection legislation and could thus be used by anyone.

Cover image: www.ingimage.com

This book is a translation from the original published under ISBN 978-620-2-06681-5.

Publisher:
Sciencia Scripts
is a trademark of
Dodo Books Indian Ocean Ltd. and OmniScriptum S.R.L publishing group

120 High Road, East Finchley, London, N2 9ED, United Kingdom
Str. Armeneasca 28/1, office 1, Chisinau MD-2012, Republic of Moldova, Europe
Printed at: see last page
ISBN: 978-620-7-91664-1

Copyright © Hossameldeen Azzaz
Copyright © 2024 Dodo Books Indian Ocean Ltd. and OmniScriptum S.R.L publishing group

ÍNDICE

RESUMO

O presente estudo teve como objetivo produzir pectinase para ser incluída nas rações de búfalas em lactação. A produção máxima de pectinase por *A.niger* foi alcançada a uma concentração de 16% de polpa de beterraba sacarina, tamanho de inóculo de 5%, 48 horas de período de incubação, pH inicial do meio de crescimento 7,0, extrato de levedura como fonte de azoto a uma concentração de 0,33 g N/l. Foram efectuadas duas experiências para avaliar os efeitos da suplementação com enzimas fibrolíticas na degradação *in vitro* da polpa de beterraba sacarina e na digestibilidade *in vivo* dos nutrientes, na produção de leite e na sua composição em búfalas de lactação ligeira. Na experiência *in vitro*, a matéria seca e o desaparecimento da matéria orgânica foram determinados para a polpa de beterraba sacarina suplementada separadamente com enzimas fibrolíticas produzidas em laboratório (Asperozym) e fonte de enzimas fibrolíticas comerciais (Tomoko®) em 3 níveis (0, 1, 1,5 e 2 g / kg DM). O aumento dos níveis de suplementação com Asperozym e Tomoko® até 2g/kg MS apresentou os maiores valores ($P<0,05$) de IVDMD e IVOMD. No experimento *in vivo*, quinze búfalas em lactação leve após 3 meses de parto foram divididas em três grupos, cinco animais cada, usando um desenho aleatório completo. O primeiro grupo foi alimentado com 45% de mistura de alimentos concentrados (CFM), 30% de silagem de milho, 15% de polpa de beterraba seca e 10% de palha de arroz (ração de controlo). O segundo grupo foi alimentado com ração de controlo suplementada com Asperozym a 2 g/kg de MS ($R1$), enquanto o terceiro grupo foi alimentado com ração de controlo suplementada com Tomoko® a 2 g/kg de MS. ($R2$). A suplementação com Asperozym e Tomoko® aumentou significativamente ($P<0,05$) a digestibilidade da MS, OM, CF, NFE, NDF para os grupos tratados em comparação com o grupo de controlo, enquanto que os parâmetros do plasma sanguíneo, a produção de leite e a sua composição não se alteraram significativamente ($P>0,05$) entre todos os grupos. As enzimas fibrolíticas, com a sua imensa importância, estão a ser importadas para utilização no Egipto a um custo elevado. A produção local dessas enzimas reduz o custo da importação e incentiva a autossuficiência.

Palavras-chave: Produção de pectinase, Enzimas fibrolíticas, Polpa de beterraba sacarina, Digestibilidade de nutrientes, Produção de leite e sua composição, Búfalas em lactação suave.

LISTA DE ABREVIATURAS

ADF	Acid Detergent Fiber
ADL	Acid Detergent Lignin
ALT	Alanin aminotransferase
AST	Aspartate aminotransferase
Asperozym	Laboratory produced fibrolytic enzymes source
BPPM	Beet Pulp Powder Medium
CF	Crude Fiber
CFM	Concentrate Feed Mixture
CMC	Carboxymethyl-Cellulase
CP	Crude protein
DCP	Digestible Crude Protein
DDGS	Distillers Dried Grains with Soluble
DM	Dry matter
EE	Ether Extract
FCM	Fat Corrected Milk
IVDMD	In vitro Dry Matter Disappearance
IVOMD	In vitro Organic Matter Disappearance
L.E./h/63d	Egyptian pound per Head per 63 Day
NDF	Neutral Detergent Fiber
NFE	Nitrogen Free Extract
OM	Organic Matter
PDA	Potato Dextrose Agar
R_1	Control ration + Asperozym at 2 g/kg dry matter
R_2	Control ration + Tomoko® at 2 g/kg dry matter
SNF	Solids-Not-Fat
TDN	Total Digestible Nutrients
Tomoko®	Commercial enzymes source
V/V	Volume per Volume
W/V	Weight per Volume

I. INTRODUÇÃO

A procura crescente de leite e os custos dos factores de produção no sector leiteiro exigem estratégias integradas para aumentar a eficiência da produção. Uma forma de aumentar a eficiência da produção seria aumentar a biodisponibilidade dos nutrientes dos alimentos para animais. **Yang *et al,* (2000)** demonstraram que a digestão de substratos fibrosos no rúmen é lenta e incompleta e pode limitar a produção de leite e aumentar o custo de produção, pelo que a procura contínua de novos aditivos que possam melhorar a utilização dos alimentos pelos ruminantes é uma abordagem muito importante.

Os recentes avanços na tecnologia de fermentação e na biotecnologia permitiram a produção de grandes quantidades de enzimas biologicamente activas que podem ser utilizadas como suplementos alimentares para o gado **(McAllister *et al.,* 2001)**. De acordo com **Sheppy (2001)**, existem quatro razões principais para a utilização de enzimas como suplementos alimentares para o gado: 1) decompor factores antinutricionais; 2) aumentar a disponibilidade de amidos, proteínas e minerais contidos nas paredes celulares ricas em fibras; 3) decompor ligações químicas específicas das matérias-primas que não são normalmente decompostas pelas enzimas dos próprios animais, libertando assim mais nutrientes; e 4) suplementar as enzimas produzidas pelos animais jovens.

Muitos investigadores demonstraram que a suplementação de dietas de animais leiteiros com enzimas fibrolíticas pode melhorar a utilização de alimentos e o desempenho animal, aumentando a degradação da fibra *in vitro* **(Hristov *et al.,* 1996; Gado *et al.,* 2007; Rodrigues *et al.,* 2008; Azzaz *et al,* 2012b)** e *in situ* **(Feng *et al.,* 1996; Lewis *et al.,* 1996; Tricarico *et al.,* 2005; Krueger *et al.,* 2008)**. Vários estudos **(Yang *et al.,* 1999; Gado *et al.,* 2007; Gado *et al.,* 2009; Azzaz *et al.,* 2012b; Kholif *et al.,* 2012) demonstraram** que a utilização de suplementos de enzimas fibrolíticas nas dietas de animais leiteiros pode aumentar a produção de leite, enquanto outros **(Chen *et al.,* 1995, Luchini *et al.,* 1997, Nussio *et al.* 1997, Beauchemin et al., 2000; Bowman *et al.,* 2002; Ballard *et al.* 2003; Reddish e Kung, 2007)** não registaram efeitos na produção de leite.

A inconsistência das respostas à suplementação enzimática pode dever-se a uma série de factores, incluindo o facto de as vacas estarem em equilíbrio energético negativo e serem capazes de responder a um aumento da energia disponível. Outros factores que podem explicar as respostas inconsistentes incluem a composição da dieta, o tipo de enzima utilizada, o nível de enzima fornecido, a estabilidade da enzima e o método de aplicação **(Rode *et al.*, 2000).**

Estudos anteriores do nosso grupo **(Azzaz *et al.*, 2012 a,b) mostraram** que a produção máxima de celulase produzida em laboratório (Asperozima) por *A.niger* foi alcançada quando a palha de trigo foi utilizada como única fonte de carbono a uma concentração de 20% (W/V), 4% de tamanho de inóculo, 72 h de período de incubação, pH inicial 6 do meio de crescimento e extrato de carne como única fonte de azoto a uma concentração de 0,33 g N/L. Foi demonstrado que a asperozima melhora a IVDMD e a IVOMD dos resíduos de banana, a fermentação ruminal das cabras, a digestibilidade dos nutrientes, bem como a produção de leite e o leite corrigido para 4% de gordura.

As enzimas fibrolíticas, com a sua enorme importância, estão a ser importadas para utilização no Egipto a um custo elevado. A produção local de tais enzimas pode reduzir o custo da importação e incentivar a autossuficiência.

Este estudo foi efectuado para:

1- Produzir pectinase a partir de *A. niger* em condições óptimas e avaliar os efeitos da pectinase resultante na degradação da fibra de bananeira utilizando o microscópio eletrónico.

2- Avaliar o potencial de utilização de enzimas fibrolíticas produzidas em laboratório (Asperozym) para melhorar a digestibilidade da polpa de beterraba sacarina em comparação (*in vitro*) com a fonte de enzimas fibrolíticas comerciais (Tomoko®).

3- Investigar o impacto da adição de Asperozym e Tomoko® às rações de búfalas em lactação média na digestibilidade dos nutrientes, parâmetros sanguíneos, produção e composição do leite.

II. REVISÃO DA LITERATURA

1. Polpa de beterraba sacarina

1.1. Polpa de beterraba sacarina e suas potenciais utilizações

A polpa de beterraba sacarina é o principal subproduto da beterraba sacarina moída (*Beta vulgaris*) após a extração do açúcar **(Fadel, 1999)**. Cada 100 kg de beterraba sacarina fresca pode dar 12-15 kg de sacarose, 3,5 kg de melaço, 4,5 kg de polpa de beterraba sacarina seca (DSBP) e uma quantidade variável de bolo de filtro. Tem havido uma tendência crescente no Egipto para aumentar a produção de açúcar a partir da beterraba. A área cultivada com beterraba sacarina aumentou de 135.623 faddans no ano 2000 para 385.686 faddans no ano 2010, e a quantidade de beterraba sacarina produzida aumentou de 2.888.770 toneladas no ano 2000 para 7.840.304 toneladas no ano 2010 **(Ministério da Agricultura e Recuperação de Terras, 2011)**.

A fração lignocelulósica da polpa seca de beterraba sacarina é composta por 2230% de celulose, 24-32% de hemiceluloses, 3-4% de lignina e 24-32% de substâncias pécticas, principalmente ácido galacturónico **(Coughlan *et al.*, 1985)**. As substâncias pécticas são hidratos de carbono complexos e encontram-se principalmente nas paredes celulares, funcionando como o "material de cimentação" que mantém as células unidas. Quimicamente, são constituídas por ácido galacturónico e cadeias de ésteres metílicos de comprimento indeterminado. Estão ligadas por 1-4 ligações glicosídicas. No entanto, devido às fracas propriedades gelificantes da pectina de beterraba, esta não está a ser totalmente utilizada **(Michel *et al.*, 1985)**. Estas fracas propriedades gelificantes são atribuídas principalmente à presença do grupo éster acetil e ao tamanho relativamente pequeno das moléculas de pectina de beterraba **(Pippen *et al.*, 1950)**. Além disso, a pectina da polpa de beterraba sacarina tem uma elevada capacidade de retenção de água e baixa viscosidade **(Phatak *et al.*, 1988)**

A utilização da polpa de beterraba sacarina limita-se quase exclusivamente à utilização como alimento para ruminantes, podendo ser utilizada de forma satisfatória como fonte de energia para ruminantes em crescimento e engorda **(Mohamed, 1998)** e como substituto da proteína do milho para vacas leiteiras durante o período médio de lactação

(**El-Badawi *et al.*, 2001**), mas não deve ser utilizada polpa de beterraba sacarina com um nível elevado na alimentação animal porque os animais alimentados com um nível elevado de polpa consomem mais água e têm um efeito negativo na ingestão de alimentos e na taxa de passagem.

Por outro lado, o baixo teor de lenhina aumenta a aptidão da polpa de beterraba sacarina para processos de biotransformação, sugerindo algumas utilizações alternativas, tais como a produção de proteínas através da utilização de microrganismos termofílicos (**Grajek, 1988**), **a** melhoria do seu valor nutricional através do tratamento com fungos de podridão branca (**Di Lena e Quagliam, 1992**), a produção de biogás através de um tratamento anaeróbio (**Lane, 1984; Weiland, 1993**) e, finalmente, utilizar a polpa de beterraba sacarina como substrato para a produção de muitas enzimas comerciais, como celulases e pectinases (**Pandey *et al.*, 2001**).

1.2. Composição química e valor nutritivo da polpa seca de beterraba sacarina

Foi afirmado em estudos anteriores que a composição química da polpa seca de beterraba sacarina (DSBP) varia entre 83,80 e 92,49% para a matéria seca (DM), 9,33 e 10,71% para a proteína bruta (CP), 0,10 e 2,40% para o extrato etéreo (EE), 18.40 a 22,37% para a fibra bruta (FC), 59,34 a 65,69% para o extrato isento de azoto (NFE) e 3,25 a 6,67% para as cinzas na base da MS (**Woodman e Calton, 1928; Bhattacharya e Sleiman, 1971; Castle, 1972; Kelly, 1983; NRC, 1985; Mansfield *et al*, 1994; Maareck, 1997; El-Badawi, 1999; Ali *et al.*, 2000; Talha *et al.*, 2002 e El- Badawi *et al.*, 2003**)

Foi referido que os constituintes da parede celular da polpa de beterraba sacarina variavam entre 62,4 e 62,5 para a fibra detergente neutra (NDF), 27,60 e 27,64 para a fibra detergente ácida (ADF), 2,5 e 2,9 para a lenhina detergente ácida (ADL), 24,7 e 25,1 para a celulose e 34,8 e 34,9 para a hemicelulose (**Helal *et al.*, 1998**)

O valor nutritivo da polpa seca de beterraba sacarina (DSBP) pode ser razoavelmente comparado com o de cereais de elevado valor energético como a cevada, o milho e a aveia. O valor nutritivo digestível total (TDN) da DSBP varia entre 68 e 74%, com uma energia metabolizável média de 2,99 mega calorias por cada quilograma em base seca (**Crawshaw, 1990; Mandebw e Galbraith, 1999**). Além disso, a polpa seca de beterraba sacarina é rica em microelementos do açúcar (bário, boro, manganês, molibdénio e magnésio), macroelementos (potássio, cálcio e magnésio) e aminoácidos (alanina, valina, leucina, prolina e triptofano) (**Molotilin, 1999**), mas também é deficiente em gordura, fósforo, caroteno e certas vitaminas B (**Bhattacharya e Sleiman, 1971**).

A variação na composição de nutrientes na polpa de beterraba pode ser devida ao método de secagem utilizado ou à quantidade de melaço adicionada à polpa.

2. Enzimas fibrolíticas

2.1. Enzimas fibrolíticas: definição e modo de ação

As enzimas fibrolíticas são um grande grupo de enzimas que actuam coletivamente para decompor as fibras da parede celular das plantas, produzindo unidades simples de açúcar. As celulases e as pectinases são as enzimas mais potentes e comuns das enzimas fibrolíticas. Durante as duas últimas décadas, a utilização de celulases e pectinases aumentou consideravelmente, especialmente nas indústrias têxtil, alimentar, de aditivos alimentares, cervejeira e vinícola, bem como nas indústrias de pasta e papel (**Saddler, 1993; Godfrey e West, 1996; Harman e Kubicek, 1998; Uhlig, 1998; Azzaz *et al.*, 2012b**). **Mantyla *et al.*, (1998)** referiram que as celulases e as pectinases representam aproximadamente 20% do mercado mundial de enzimas.

A celulase (um complexo sistema multienzimático) actua coletivamente para hidrolisar a celulose dos resíduos agrícolas e produzir unidades simples de glucose (**Smith, 1996**). A celulose é um polissacárido polimérico de cadeia longa, constituído por beta-glucose. É o principal constituinte estrutural e principal da parede celular das plantas. O mecanismo amplamente aceite para a hidrólise enzimática da celulose envolve acções sinérgicas de endoglucanase, exoglucanase ou celobiohidrolase e β-glucosidase (**Knowles *et al.*, 1987; Wood e Garica-Campayo, 1990; Henrissat, 1994; Teeri, 1997; Lynd *et al.*, 2002; Zhang e Lynd, 2004**).

As endoglucanases hidrolisam as ligações β-1,4-glucosídicas intra-moleculares acessíveis das cadeias de celulose de forma aleatória para produzir novas extremidades de cadeia; as exoglucanases clivam processivamente as cadeias de celulose nas extremidades para libertar celobiose solúvel ou glucose; e as β-glucosidases hidrolisam a celobiose em glucose para eliminar a inibição da celobiose. Estes três processos de hidrólise ocorrem simultaneamente, como se mostra na Fig. (1).

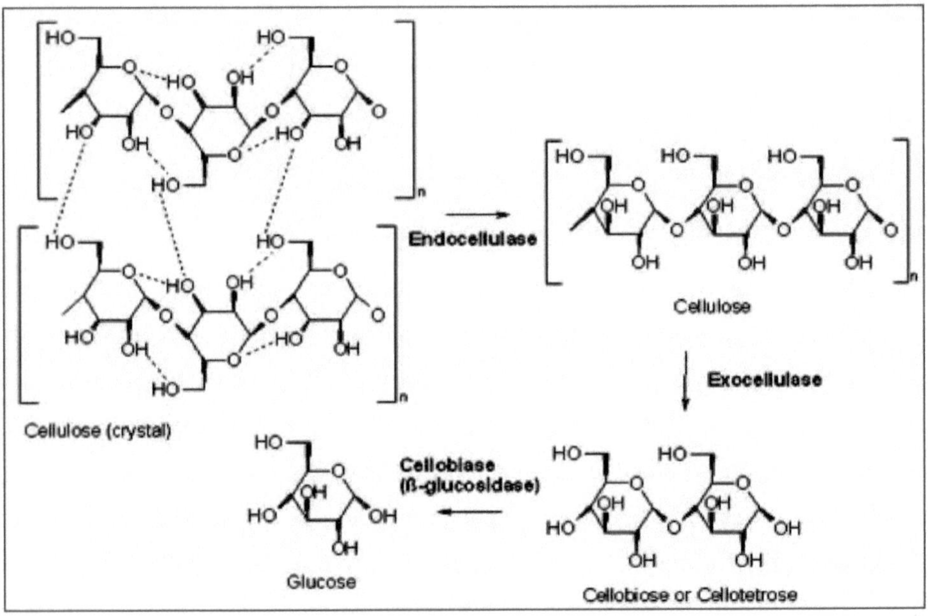

Fig. (1) Os três tipos de reacções catalisadas pelas celulases

A pectinase é um nome genérico para uma família de enzimas que catalisam a hidrólise das ligações glicosídicas dos resíduos de cadeia longa do ácido galacturónico nas substâncias pécticas **(Reid e Ricard, 2000)**. As substâncias pécticas são polissacáridos ácidos coloidais complexos com uma espinha dorsal de resíduos de ácido galacturónico ligados por ligações α-1- 4- glicosídicas **(Gummadi e Kumar, 2005)**. Os diferentes tipos de pectinases e o seu modo de ação sobre as substâncias pécticas são apresentados na Fig. (2).

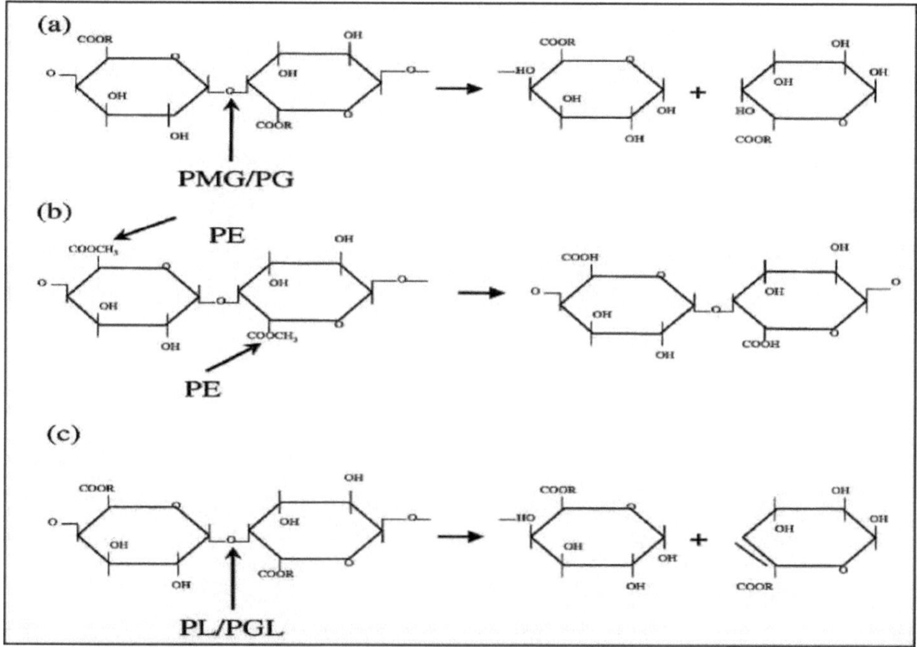

Fig. (2) Diferentes tipos de pectinases e o seu modo de ação sobre as substâncias pécticas. (a) R=H para PG e CH3 para PMG (b) PE e (c) R=/H para PGL e CH3 para PL. A seta indica o local onde as pectinases reagem com as substâncias pécticas. PMG: polimetilgalacturonase, PG: poligalacturonase. PE: pectinesterase, PL: pectinlyase **(Sathyanarayana e Panda, 2003)**

2.2. Produção de enzimas fibrolíticas

A procura de enzimas que ataquem o complexo lignocelulolítico com características adequadas para diferentes processos biotecnológicos tem sido o foco de muitos estudos **(Rajoka e Malik, 1997; Schimidt *et al.*, 2001; Torres *et al.*, 2006; Azzaz *et al,.* 2012a)**. As misturas de enzimas celulase e pectinase são necessárias para a conversão completa de todos os hidratos de carbono em açúcares monoméricos **(Grohmann e Bothast, 1994).** Estas enzimas são produzidas principalmente por muitos microrganismos, incluindo fungos, leveduras e bactérias **(Cao, *et al.*, 1992; Blanco, *et al.*, 1999; Huang e Mahoney, 1999; Mangelli e Forchiassin, 1999; Immanuel *et al.* 2006; Azzaz *et al,.* 2012a)**

No entanto, quase todas as preparações comerciais de celulases e pectinases são produzidas a partir de fontes fúngicas, principalmente de *Trichoderma* e *Aspergillus* **(Godfrey e West, 1996; Uhlig, 1998)**. A produção de celulases e pectinases por fungos filamentosos varia de acordo com o tipo de estirpe, as condições de cultivo (pH inicial, tamanho do inóculo e período de incubação) e a composição do meio de crescimento (particularmente as fontes de carbono e **azoto**) **(Murad e Azzaz, 2010, 2011)**. A aplicação de resíduos agro-industriais como fontes de carbono em processos de produção de enzimas reduz o custo de produção e também ajuda a resolver problemas com a sua eliminação **(Murad e Azzaz, 2010)**. Esses resíduos têm dado bons resultados na produção de pectinases **(Martins *et al.*, 2002)** e celulases **(Kalogeris *et al.*, 2003)**.

O desenvolvimento de estirpes microbianas, a composição dos meios e o controlo do processo contribuíram para a obtenção de elevados níveis de acumulação extracelular de enzimas fibrolíticas para posterior aplicação em processos industriais. Nesta secção da revisão, centramo-nos nos factores mais importantes que afectam o processo de produção de pectinase.

2.2.1. Efeito do pH inicial do meio de crescimento na produção de pectinase

De acordo com **Shoichi *et al.*** (1985), o pH inicial do meio tem um grande efeito no crescimento do organismo, na permeabilidade da membrana e também na biossíntese e estabilidade das enzimas **(Murad, 1998; Murad e Salem, 2001)**. Foi relatado que a produção óptima de enzimas pécticas de muitos bolores se situa na gama de pH ácido **(Zetelaki-Horvath, 1980; Shin *et al.*, 1983)**. **Zheng e Shetty, (1999),** referiram que a poligalacturonase produzida a partir de *Lentinus edodes* tem um pH ótimo relativamente mais baixo (pH 5,0), além disso, **Piccoli-valle *et al.*, (2001)** observaram que *P. griseoroseum apresentava* uma elevada atividade de poligalacturonase e pectina esterase em pH mais ácido de 4,5 e 5.

Silva et al., (2002) verificaram que *P. viridicatum* apresentou uma produção máxima de poligalacturonase e pectinilase a um pH de 4,5 e 5, respetivamente. **Fawole e Odunfa, (2003)** referiram que a atividade pectolítica óptima observada foi a pH 5.

Phutela *et al.*, (2005) concluíram que o fungo termofílico *A. fumigatus Fres* expressou a atividade máxima de pectinase (1116 Ug-1) a pH 4,0, enquanto a poligalacturonase foi ativa a pH 5,0 (1270 Ug-1). Além disso, **Debing *et al.*, (2005)** descobriram que o pH 6,5 era o pH ótimo para a produção de pectinase a partir de *A. niger* por fermentação em estado sólido. **Reda *et al,* (2008) verificaram** que a produtividade da poligalacturonase por *Bacillus firmus-I-10104* atingiu o seu máximo a pH inicial 6,0 e 6,2. **Rasheedha *et al,* (2010) verificaram** que *P. chrysogenum* exibiu uma produção máxima de poligalacturonase a um pH inicial de 6,5.

2.2.2. Efeito do período de incubação na produção de pectinase

O tempo de fermentação teve um efeito profundo na formação de produtos microbianos **(Murad e Foda, 1992; Murad, 1998; Murad e Salem, 2001).** A produção máxima de enzima péctica de diferentes bolores varia de 1 a 6 dias **(Ghildyal *et al.*, 1981).** **Leda et al. (2000)** referiram que as actividades de poligalacturonase mais elevadas foram obtidas por *A. niger* após 70 horas de período de fermentação. Além disso, **Fawole e Odunfa, (2003)** referiram que a produção óptima de pectina-metilesterase foi obtida após 4 dias de fermentação em condições de fermentação submersa. Além disso, **Sarvamangala e Dayanand (2006)** observaram um aumento gradual na produção de pectinase a partir de cabeça de girassol sem sementes por *A. niger* após 72 h de período de fermentação em condições submersas e até 96 h em condições de estado sólido. **Reda *et al,* (2008)** verificaram que o nível de poligalacturonase aumentou gradualmente com o aumento do período de incubação até 96 h por *Bacillus firmus-I-10104* em condições de fermentação em estado sólido.

2.2.3. Efeito da fonte de azoto na produção de pectinase

Os efeitos das fontes de azoto orgânico e inorgânico na produção de pectinase foram amplamente estudados. As observações de **Hours *et al.* (1988)** sugeriram que níveis mais baixos de $(NH_4)_2SO_4$ (0,16%), ou K_2HPO_4 (0,1%) adicionados ao meio de crescimento como fontes de azoto inorgânico não influenciaram a produção de pectinase. Além disso, **Galiotou-Panayotou e Kapantai (1993)** observaram que o fosfato de amónio e o sulfato de amónio influenciaram positivamente a produção de pectinase, mas também registaram os efeitos inibitórios do nitrato de amónio e do nitrato de potássio na produção de pectinase. Além disso, **Sarvamangala e Dayanand (2006)** revelaram que tanto o fosfato de amónio como o sulfato de amónio influenciaram positivamente a produção de pectinase tanto em condições submersas como em estado sólido.

Em contrapartida, **Sapunova, (1990)** verificou que os sais de amónio estimulavam a produção de enzimas pectinolíticas por *A. alliaceus* BIM-83. Além disso, **Sapunova et al. (1997)** também observaram que o $(NH_4)_2SO_4$ estimulava a síntese de pectinases, uma vez que, na sua ausência, o fungo apresentava uma ligeira atividade proteolítica e não produzia pectinases extracelulares. Além disso, **Fawole e Odunfa, (2003)** verificaram que o sulfato de amónio e o nitrato de amónio eram boas fontes de azoto para a produção de enzimas pécticas de *A. niger*, enquanto a glicina e o triptofano não apoiavam a produção de enzimas. Além disso, **Phutela et al, (2005)** relataram que $(NH_4)_2SO_4$ estimulou a produção de pectinase, uma vez que, na sua ausência, o fungo apresentou uma atividade proteolítica ligeira e não produziu pectinases extracelulares, e a presença de extrato de levedura + $(NH_4)_2SO_4$ no meio de crescimento suportou a produção máxima de pectinase (925 Ug-1) seguida de rebentos de malte + $(NH_4)_2SO_4$ (785 Ug-1), que também suportou a atividade máxima de poligalacturonase (938 Ug-1). Além disso, **Rasheedha et al. (2010)** verificaram que o sulfato de amónio aumentou a produção de pectinase de *P. chrysogenum*.

Por outro lado, **Aguilar et al. (1991)** referiram que o extrato de levedura (fonte de azoto orgânico) foi o melhor indutor da produção de exopectinases por *Aspergillus* sp. Além disso, **Kashyap et al. (2003)** verificaram que o extrato de levedura, a peptona e o cloreto de amónio aumentaram a produção de pectinase até 24% e que a adição de glicina, ureia e nitrato de amónio inibiu a produção de pectinase. Também **Reda et al, (2008)** verificaram que o valor máximo da produtividade de poligalacturonase por *Bacillus firmus-I-10104* atingiu 350 U/ml na presença de peptona como fonte de azoto no meio de crescimento. Além disso, **Vivek et al, (2010)** verificaram que as fontes de azoto orgânico suportavam actividades de endo e exo pectinases mais elevadas do que as fontes de azoto inorgânico. Também se observaram níveis crescentes de actividades enzimáticas com o aumento da concentração da fonte de azoto no caso da utilização de fontes de azoto orgânico, enquanto se observaram tendências decrescentes com fontes de azoto inorgânico.

2.2.4. Efeito da fonte de carbono na produção de pectinase

Um fornecimento adequado de carbono como fonte de energia é fundamental para um crescimento ótimo, afectando o crescimento do organismo e o seu metabolismo. **Aguilar e Huitron, (1987)** referiram que a produção de enzimas pécticas de muitos bolores é conhecida por ser aumentada pela presença de substratos pécticos no meio. **Fawole e Odunfa, (2003)** descobriram que a pectina e o ácido poligalacturónico promoviam a produção de enzimas pécticas e observaram que a falta de atividade pectolítica em culturas com glucose como única fonte de carbono reflecte a natureza induzível da enzima péctica da estirpe de *A. niger*.

No entanto, quando se adicionaram diferentes concentrações de glucose ao meio que continha pectina, a produção de enzimas pécticas foi inibida a uma concentração elevada de glucose, ao passo que concentrações baixas de glucose (0,5% p/v) estimularam a produção de enzimas. A capacidade de concentrações elevadas de glucose no meio para satisfazer as necessidades de crescimento do organismo tornou provavelmente desnecessária ou mínima a decomposição da pectina no meio e, por conseguinte, as baixas actividades pécticas observadas nas culturas. **Phutela *et al*, (2005)** afirmaram que o farelo de trigo suportava a produção máxima de pectinase (589 Ug-1), enquanto a pectina pura dava a produção máxima de poligalacturonase (642 Ug-1). **Sarvamangala e Dayanand (2006)** referiram que a glucose (4-6%) aumenta a produção de pectinase em condições submersas, ao passo que a sacarose a 6-8% dá uma melhor produção de pectinase em condições de estado sólido. **Reda *et al*, (2008) referiram** que as cascas de *Solanum tuberosum* (ST) eram a melhor fonte de carbono para a produção de poligalacturonase por *Bacillus firmus-I-10104* em condições de estado sólido.

2.3. Enzimas fibrolíticas e sua aplicação na nutrição de ruminantes

A digestão lenta ou incompleta dos substratos fibrosos limita frequentemente o processo digestivo global no rúmen e pode influenciar significativamente o desempenho dos animais nos sistemas de produção animal **(McAllister *et al.*, 2001)**. **Por** conseguinte, foram desenvolvidas muitas estratégias para estimular a digestão dos componentes fibrosos nos ruminantes 11

alimentos para animais. Estas incluíram a utilização de nutrientes específicos que estimulam a digestão da fibra e o processamento de alimentos para aumentar a taxa e a extensão da digestão da fibra. Os recentes avanços na tecnologia de fermentação e na biotecnologia permitiram a produção económica de grandes quantidades de enzimas biologicamente activas que também podem ser utilizadas como suplementos alimentares para o gado **(Azzaz *et al.*, 2012b)**.

As preparações de enzimas fibrolíticas podem ser utilizadas para conduzir processos metabólicos e digestivos específicos no trato gastrointestinal e podem aumentar os processos digestivos naturais para aumentar a disponibilidade de nutrientes e a ingestão de alimentos pelos ruminantes **(Feng *et al.* 1996; Howes *et al.*, 1998)**. As estratégias que utilizam enzimas fibrolíticas suplementares no rúmen podem ser importantes, uma vez que a digestibilidade da matéria orgânica no rúmen não atinge 100% e mesmo pequenas alterações na digestibilidade podem influenciar a eficiência das fermentações ruminais. **(Lewis *et al.*, 1996; Annison, 1997)**

2.3.1. Métodos de administração de enzimas fibrolíticas

2.3.1.1. Pulverização de enzimas fibrolíticas nos alimentos para animais

No passado, a utilização de enzimas restringia-se à sua aplicação nas forragens aquando da ensilagem. No entanto, este modo de aplicação teve resultados variáveis **(Kung e Muck, 1997)**. Para proteger ou minimizar a degradação das enzimas pelas proteases ruminais, os alimentos são tratados com enzimas imediatamente antes da alimentação. Quando as enzimas são aplicadas aos alimentos desta forma, a ligação com os substratos provoca alterações conformacionais que podem ajudar a proteger estas enzimas exógenas da degradação ruminal **(El Sabaawy, 2008)**. **Morgavi *et al.* (2000)** referiram que a pulverização de enzimas fibrolíticas nos alimentos para animais antes da fermentação in vitro melhorava a digestão. A pulverização de enzimas nos alimentos para animais oferece possibilidades de utilização de enzimas para melhorar a digestão, a utilização e a produtividade dos nutrientes nos ruminantes e, ao mesmo tempo, reduzir o material fecal dos animais e a poluição. Proporciona também uma maior flexibilidade de gestão da alimentação e evita quaisquer interacções negativas que as enzimas possam ter se forem adicionadas durante o processo de ensilagem.

Vários mecanismos diferentes foram teorizados como razões para os efeitos positivos, incluindo a hidrólise direta, melhorias na palatabilidade, alterações na viscosidade intestinal e alterações no local da digestão **(Beauchemin e Rode, 1996)**. Os resultados de alguns investigadores indicaram que as enzimas fibrolíticas devem ser pulverizadas no concentrado ou na porção seca da dieta para serem eficazes. **Yang *et al*. (2000) referiram** que as enzimas pulverizadas numa ração mista total (TMR) não eram eficazes, e também **Beauchemin *et al*. (1995)** referiram que as enzimas não eram eficazes quando pulverizadas na silagem.

2.3.1.2. Adição de enzimas fibrolíticas aos alimentos para animais na forma seca

A possibilidade de alimentar os ruminantes com enzimas sem as pulverizar nos alimentos sob a forma líquida apresenta vantagens definitivas para o utilizador final. **Hirstov *et al*. (1998)** referiram que, quando adicionadas diretamente ao rúmen, as enzimas fibrolíticas mantinham uma atividade parcial. No entanto, a integridade da enzima não é o único critério que deve ser utilizado na avaliação de enzimas para dietas de ruminantes, porque para que sejam eficazes, devem ligar-se ao seu substrato e catalisar reacções.

Dawson e Tricarico (1999) referiram que a adição de preparações enzimáticas de celulase e xilanase melhorou a digestão ruminal in vitro do feno de festuca. **Zinn e Salinas (1999)** mostraram que um suplemento de enzimas fibrolíticas estáveis no rúmen aumentou a digestão ruminal de FDN em 23% e melhorou a ingestão de matéria seca e o ganho médio diário em novilhos. A digestão da fibra detergente neutra foi aumentada em cordeiros alimentados com a mesma formulação enzimática **(Pinos *et al*., 2000)**, mas não teve efeito no desaparecimento ruminal de MS **(Al-Jobeile e Shaver, 2000)**. Estão a ser realizados mais estudos para avaliar este método de fornecimento de enzimas aos ruminantes.

2.3.2. Efeito das enzimas fibrolíticas na digestibilidade dos nutrientes

2.3.2.1. Digestibilidade *in vitro*

Lewis *et al.* (1996) estudaram o efeito das enzimas fibrolíticas na digestão de uma dieta à base de forragem e verificaram que a taxa de IVDMD do feno de erva tratado com enzimas foi melhorada em comparação com o feno de erva não tratado.

Mohamed *et al.* (2005) estudaram o efeito das enzimas fibrolíticas na fermentação de um substrato composto por 65% de forragem (feno de Berseem e palha de arroz) e 35% de concentrados, utilizando uma cultura em descontínuo de microrganismos ruminais mistos. Verificaram que, após 24 horas de incubação, todos os tratamentos enzimáticos diminuíram o pH final e aumentaram a digestibilidade da matéria seca (MS), da fibra em detergente neutro (FDN) e da fibra em detergente ácido (FDA) do substrato. Além disso, as produções de acetato e propionato foram aumentadas por todos os tratamentos enzimáticos.

Colombatto *et al.* (2006) examinaram (*in vitro*) o impacto de enzimas fibrolíticas na taxa e extensão da fermentação de caules de alfafa. Um produto enzimático comercial foi adicionado aos caules de alfafa em seis níveis: 0, 0,51, 1,02, 2,55, 5,1 e 25,5 g/kg de MS. Verificaram que a adição de enzima aumentou linearmente a degradação in vitro de OM, DM, NDF, ADF e hemicelulose.

Eun *et al.* (2006) avaliaram a utilização de enzimas fibrolíticas exógenas como um meio potencial de melhorar a degradação da parede celular da palha de arroz. Foram utilizadas duas celulases de desenvolvimento, duas xilanases de desenvolvimento e dois produtos enzimáticos comerciais (combinação de endoglucanases e xilanases). Os resultados indicaram que a adição de enzimas aumentou a degradabilidade da palha de arroz.

Abdel-Gawad *et al.* (2007) avaliaram os efeitos de enzimas fibrolíticas comerciais (Fibrozyme) compostas por actividades de xilanase e celulase no (IVDMD e IVOMD) de caules de milho, palha de trigo, palha de arroz e bagaço de cana-de-açúcar. Estas quatro forragens grosseiras de baixa qualidade foram utilizadas em três rácios de forragem grosseira: concentrado (100:0, 40:60 e 30:70%). A enzima foi suplementada em 4 níveis (0, 2, 2,5 e 3 gm/kg DM). Os resultados indicaram que a utilização de 2 gm/kg de MS de suplemento de Fibrozyme aumentou a matéria seca *in vitro* e o desaparecimento da matéria orgânica da ração contendo 30% de volumoso. Os talos de milho seguidos da palha de trigo apresentaram melhor resposta para o padrão de digestão do que a palha de arroz e o bagaço de cana.

Giraldo *et al.* (2007) investigaram os efeitos de celulases puras exógenas no crescimento microbiano ruminal e na fermentação de substrato de feno de gramíneas 70:30: concentrado (base de MS) em fermentadores Rusitec. Os resultados indicaram que a adição de celulases melhorou a fermentação *in vitro*, aumentando a degradação da fibra do substrato, a produção de ácidos gordos voláteis (AGV) e o crescimento microbiano ruminal.

Pinos, *et al.* (2007) estudaram os efeitos de enzimas fibrolíticas exógenas sobre a degradabilidade in situ da Ração Total Mista (TMR) com três proporções diferentes de forragem: concentrado (400:600, 500:500, 600:400 g/g) e dois níveis (0 ou 2 g) de enzimas/kg de MS da TMR. Foi indicado que as enzimas melhoraram as taxas de desaparecimento ruminal de MS e NDF *in situ*

Ranilla *et al.* (2007) investigaram se uma preparação enzimática fibrolítica poderia estimular a fermentação ruminal *in vitro* de feno de alfafa, feno de gramíneas e palha de cevada. A preparação enzimática foi adicionada em níveis de: 0 (controlo), 50 mg/g de MS de substrato e 100 mg/g de MS de substrato. Os resultados indicaram que esta preparação de enzimas fibrolíticas estimulou a fermentação *in vitro* de substratos em tempos de incubação curtos (5 e 10 h), mas não em tempos longos (24 h).

Krueger e Adesogan (2008) estudaram o efeito da combinação de esterase do ácido ferúlico (FAE), celulase (CEL) e xilanase (XYL) na hidrólise de erva-baleeira madura na ausência e erva-bermuda na presença de fluido ruminal. Este estudo identificou certas misturas de XYL, CEL e FAE que aumentaram o desaparecimento de 24 horas de MS do capim-braquiária na ausência de fluido ruminal. A aplicação destes cocktails multienzimáticos reduziu a fase de atraso e melhorou a eficiência da fermentação da erva-bermuda madura no fluido ruminal.

Azzaz *et al.* (2012b) avaliaram o efeito da adição de celulase produzida em laboratório (Asperozym) e de uma fonte de enzima celulolítica comercial (Bacillozym®) aos resíduos de banana no desaparecimento da matéria seca (IVDMD) e da matéria orgânica (IVOMD). Verificaram que a adição de Asperozym e Bacillozym® aos resíduos de banana aumentou significativamente o IVDMD e o IVOMD em comparação com os resíduos de banana não tratados (Controlo).

Por outro lado, **Colombatto *et al.* (2004)** examinaram a influência de enzimas fibrolíticas aplicadas na silagem de milho. Os resultados demonstraram que as enzimas não alteraram a quantidade total de substrato fermentável.

Dean *et al.* (2008) mediram os efeitos da aplicação de NH3 ou de uma enzima fibrolítica sobre a concentração de fibra e a digestibilidade da MS e da fibra de dois fenos de gramíneas tropicais. As enzimas foram aplicadas a 0 (Controlo), 0,5, 1 e 2 vezes as taxas recomendadas pelos respectivos fabricantes. Os resultados indicaram que a munição foi mais eficaz do que qualquer tratamento enzimático para melhorar a degradabilidade *in situ*.

2.3.2.2. Digestibilidade *in vivo*

Feng *et al.* (1996) testaram as respostas de novilhos de carne de bovino a tratamentos com enzimas fibrolíticas. Nestes tratamentos, as enzimas fibrolíticas foram aplicadas à forragem fresca, à forragem murcha, depois seca; aplicadas à forragem seca imediatamente antes da alimentação (E-dry) em comparação com a forragem não tratada. Os dados deste estudo sugerem que a taxa de digestibilidade total de MS e NDF do trato foi maior no caso do tratamento E-dry do que nos outros tratamentos.

Lewis *et al.* (1996) verificaram que a digestibilidade da MS, FDN e ADF era maior (P < 0,1) para os novilhos que receberam enzimas fibrolíticas aplicadas à forragem 24 horas antes da alimentação (F-24) e enzimas aplicadas à forragem durante a alimentação (F-0), do que para o controlo (água aplicada à forragem durante a alimentação). A digestibilidade da MS (P = 0,15), NDF (P = 0,13) e ADF (P = 0,10) tendeu a ser maior para os novilhos que receberam todos os tratamentos enzimáticos do que para o controlo, mas a digestibilidade da MS (P = 0,17), NDF (P = 0,18) e ADF (P = 0,24) tendeu a ser menor nos novilhos que receberam a enzima em infusão ruminal 2 h após a alimentação do que (F-24) e (F-0). A digestibilidade do amido foi bastante extensa e não foi afetada (P > 0,10) pelo tratamento enzimático. Verificaram que a DMI foi numericamente maior (P = 0,27) para as vacas alimentadas com o tratamento enzimático (22,4 vs. 20,5 kg/d).

Krause *et al.* (1998) efectuaram um estudo para determinar os efeitos do tratamento do grão de cevada com uma mistura de enzimas fibrolíticas na digestibilidade. Os novilhos tiveram acesso ad libitum a uma de quatro dietas que consistiam em 95% de concentrado à base de cevada e 5% de forragem (base de MS). O concentrado era de controlo ou tratado com enzimas, e a forragem era silagem de cevada ou palha de cevada. Afirmaram que o tratamento enzimático da cevada aumentou a digestibilidade total do ADF na dieta em 28%.

Beauchemin *et al.* (1999) investigaram os efeitos da fonte de cereais e da suplementação com enzimas fibrolíticas na digestão de nutrientes por vacas leiteiras. Foram combinados dois cereais com e sem enzimas que continham principalmente actividades de celulase e xilanase. Observou-se que a suplementação com enzimas aumentou a digestibilidade dos nutrientes no trato total.

Rode *et al.* (1999) investigaram os efeitos da suplementação com enzimas fibrolíticas exógenas na digestibilidade por vacas leiteiras. A preparação enzimática continha principalmente celulase e xilanase e foi adicionada ao concentrado para fornecer 1,3 g/kg de ração mista total (base de matéria seca). Os autores relataram que a digestibilidade total dos nutrientes, determinada, foi dramaticamente aumentada pelo tratamento enzimático.

Yang *et al.* (1999) utilizaram vacas Holstein para investigar a suplementação com enzimas fibrolíticas na digestão de nutrientes. As quatro dietas consistiam em 45% de concentrado, 10% de silagem de cevada e 45% de feno de luzerna em cubos (base de matéria seca) e diferiam na suplementação enzimática: cubos de controlo, controlo mais 1 g de enzima por /kg de cubos, controlo mais 2 g de enzima por /kg de cubos e tanto o concentrado como os cubos tratados com 1 g de mistura enzimática por/kg de matéria seca. Indicaram que a digestão da MO e do FDN no trato total era mais elevada para as vacas alimentadas com a dose elevada de enzima do que para as alimentadas com a ração de controlo.

Yang *et al.* (2000) investigaram os efeitos do método de adição de enzimas fibrolíticas às dietas de vacas leiteiras sobre a digestibilidade. Os tratamentos foram o controlo, as enzimas aplicadas à ração mista total e as enzimas adicionadas ao concentrado à base de cevada. Verificaram que a digestibilidade total da matéria seca no trato foi mais elevada na ração suplementada com enzimas do que na dieta de controlo.

Bowman *et al.* (2002) investigaram o efeito das enzimas fibrolíticas na digestibilidade dos alimentos por vacas leiteiras em lactação. Os tratamentos incluíram enzimas suplementadas ao concentrado (45% da TMR), enzimas aplicadas ao suplemento (4% da TMR) e enzimas aplicadas à pré-mistura (0,2% da TMR), em comparação com uma dieta sem enzimas (controlo). Foi indicado que a digestibilidade da MO, NDF e ADF no trato total aumentou em comparação com o controlo quando as enzimas foram adicionadas a todo o concentrado.

Pinos, *et al.* (2002) estudaram o efeito de uma enzima fibrolítica exógena diretamente alimentada na ingestão e digestão por ovinos. As dietas eram feno de alfafa, feno de alfafa mais enzimas fibrolíticas exógenas, feno de azevém e feno de azevém mais enzima. A enzima aumentou a digestibilidade aparente do PC, da hemicelulose e da FDN da luzerna.

Titi e Tabbaa (2004) investigaram a eficácia da alimentação direta com uma enzima celulase na digestibilidade de dietas para borregos. Os resultados indicaram que a enzima celulase aumentou (P < 0,05) a digestibilidade da matéria seca e da matéria orgânica dos borregos tratados em comparação com os do controlo. Foi observada uma tendência semelhante para os coeficientes de digestibilidade da fibra bruta, NDF e ADF. No entanto, não foram observadas diferenças na digestibilidade da proteína bruta entre os cordeiros tratados e não tratados.

Abdel-Gawad *et al.* (2007) avaliaram os efeitos de enzimas fibrolíticas compostas por xilanase e celulase sobre a digestibilidade de caules de milho, palha de trigo, palha de arroz e bagaço de cana-de-açúcar por ovinos. Verificaram que a suplementação com enzimas fibrolíticas aumentou significativamente ($P<0,05$) a digestibilidade da MS, MO, PC, NFE, CF e hemicelulose da palha de trigo em comparação com o controlo (feno de bérberis), enquanto a ADL foi significativamente ($P<0,05$) mais elevada para a palha de trigo do que para o controlo e os caules de milho.

Gado *et al.* (2007) estudaram o efeito do tratamento biológico (celulase; licor ruminal e *Cellumonas cellulasea*) no bagaço para melhorar o desempenho de cabras Baladi. Indicaram que o bagaço tratado com diferentes tratamentos teve um efeito positivo significativo na digestibilidade da MS e do PC. No entanto, a enzima celulase aumentou ($P<0,05$) a percentagem do coeficiente de digestibilidade da MS quando comparada com os outros tratamentos. A digestibilidade da OM, EE, NFE foi positivamente afetada pelo tratamento com celulase

Knowlton *et al.* (2007) estudaram o efeito de uma formulação enzimática exógena contendo fitase e celulase na digestibilidade e excreção de nutrientes em vacas Holstein. Verificaram que as vacas alimentadas com a formulação enzimática apresentavam uma menor excreção fecal de matéria seca, fibra detergente neutra e fibra detergente ácida e uma menor excreção fecal de azoto e fósforo. A digestibilidade aparente da MS, ADF, NDF e N tendeu a aumentar com a formulação enzimática.

Gado *et al.*, (2009) estudaram o efeito de uma mistura de enzimas fibrolíticas exógenas (ZADO®) de bactérias anaeróbias na digestibilidade dos nutrientes em vacas da raça Pardo-Suíça alimentadas com rações totais mistas. Verificaram que a digestibilidade de todos os nutrientes era mais elevada ($P<0,05$) no trato total das vacas suplementadas, embora a magnitude da melhoria variasse entre os nutrientes, com a maior melhoria nos NDF e ADF (418-584 e 401-532 g/kg respetivamente; $P<0,05$) do que nos outros nutrientes.

Azzaz *et al.* (2012b) avaliaram o efeito da adição de celulases às dietas sobre a produtividade de cabras em lactação. Eles descobriram que a digestibilidade aparente para todos os nutrientes foi melhorada (P<0,05) pelos tratamentos com celulases.

Kholif *et al.* (2012) estudaram o efeito da alimentação de rações suplementadas com dois cocktails de enzimas recentemente desenvolvidos (Zad1 e Zad2) como enzimas fibrolíticas exógenas para búfalas em lactação sobre a digestibilidade dos nutrientes. Verificaram que a suplementação com enzimas exógenas melhorou (P<0,05) a digestibilidade dos nutrientes e o valor nutritivo das rações testadas em comparação com o controlo.

Em contrapartida, **Nadeau *et al.* (2000)** determinaram o efeito de uma celulase isolada ou combinada com inoculantes bacterianos na digestibilidade de silagens de erva de pomar e alfafa por cordeiros. Afirmaram que a aplicação de celulase diminuiu a digestibilidade da FDN da silagem em 18%.

Knowlton *et al.* (2002) verificaram que a digestibilidade da MS era semelhante para o controlo e para as dietas suplementadas com enzimas fibrolíticas nas vacas em início de lactação, mas nas vacas em final de lactação, a digestibilidade da MS era numericamente maior com a adição de enzimas em comparação com o controlo. A digestibilidade aparente da proteína (P) e do NDF não foi afetada pelo tratamento enzimático.

Sutton *et al.* (2003) investigaram o efeito de um método de aplicação de enzimas fibrolíticas nos processos digestivos de vacas Holstein-Frísia. Indicaram que a digestibilidade ruminal da matéria seca e da matéria orgânica não foi afetada pela enzima.

A digestibilidade do NDF foi mais baixa na dieta suplementada com enzimas no rúmen, mas mais alta após a ruminação.

Muwalla *et al.* (2007) estudaram o efeito da inclusão de enzimas fibrolíticas na digestibilidade dos nutrientes de cordeiros Awassi alimentados com uma dieta rica em concentrado (com ou sem a adição de enzimas fibrolíticas). Mencionaram que a digestibilidade da matéria seca, da MO, do PC e do NDF não foi afetada pela inclusão da enzima. Além disso, foram estudados os efeitos das enzimas fibrolíticas exógenas na digestibilidade da TMR com diferentes rácios de forragem: concentrado por lâmpadas, utilizando três tratamentos que incluíam rácios (forragem: concentrado) (400:600, 500:500, 600:400 kg/kg) e dois níveis (0 ou 2 g) de enzimas por/kg de TMR DM. Este estudo indicou que não houve diferenças entre os tratamentos na digestibilidade da MS e NDF devido à adição de enzimas à dieta **(Pinos, *et al.*, 2007).**

Os efeitos da aplicação de NH3 ou de uma enzima fibrolítica na concentração de fibra e na digestibilidade da MS e da fibra de dois fenos de gramíneas tropicais foram estudados por **Dean *et al.* (2008).** As enzimas foram aplicadas a 0 (Controlo), 0,5, 1 e 2 vezes as taxas recomendadas pelos respectivos fabricantes. Os autores indicaram que as enzimas fibrolíticas tiveram efeitos insignificantes sobre a extensão da digestão da MS e da fibra dos fenos.

2.3.3. Efeito das enzimas fibrolíticas nos parâmetros ruminais

O efeito de uma preparação enzimática fúngica na fermentação ruminal foi estudado em Wether Lamps. O pH ruminal, as concentrações de NH3, os AGTL e a proporção de ácidos individuais não foram influenciados pela adição da preparação enzimática **(Judkins e Stobart, 1988).**

Feng *et al.* (1996) avaliaram as respostas de novilhos de carne de bovino a tratamentos enzimáticos, incluindo enzima aplicada a forragem fresca, forragem murcha e depois seca; enzima aplicada a forragem seca imediatamente antes da alimentação e forragem não tratada. Os autores mencionaram que a concentração de azoto amoniacal no fluido ruminal, a concentração total de AGV e o pH não foram alterados pelos tratamentos dietéticos.

Lewis *et al.* (1996) compararam o método de administração de uma solução contendo celulases e xilanases na digestão de uma dieta à base de forragem, utilizando novilhos de carne de bovino distribuídos aleatoriamente por um controlo ou por tratamentos enzimáticos. Este estudo indicou que o pH ruminal era mais baixo e que a concentração total de AGV às 6 horas após a alimentação era maior para os novilhos alimentados com tratamentos enzimáticos em comparação com o controlo.

Broderick *et al.* (1997) referiram que o pH ruminal e a concentração de amoníaco em vacas Holstein não foram influenciados pelas soluções de enzimas xilanase e celulase suplementadas nas dietas das vacas.

Krause *et al.* (1998) determinaram os efeitos do tratamento de grãos de cevada com uma mistura de enzimas fibrolíticas na fermentação ruminal em bovinos. Não encontraram qualquer efeito da dieta no pH ruminal.

Beauchemin *et al.* (1999) estudaram o efeito das enzimas celulase e xilanase nos parâmetros ruminais de vacas alimentadas com cevada sem casco. Verificaram que o pH ruminal e as concentrações de ácidos gordos voláteis não foram afectados pelos tratamentos com celulase e xilanase, enquanto a concentração ruminal de NH3-N foi significativamente reduzida nas vacas alimentadas com cevada sem casca tratada ou não tratada com enzimas.

Yang *et al.* (1999) verificaram que as características da fermentação ruminal não foram afectadas pelos tratamentos enzimáticos. A concentração ruminal de AGV foi numericamente mais elevada para as vacas alimentadas com dietas contendo enzimas (celulase e xilanase) do que para as vacas alimentadas com a dieta de controlo

Nadeau *et al.* (2000) determinaram o efeito de uma celulase isolada ou combinada com inoculantes bacterianos em silagens de erva de pomar e de luzerna fornecidas a candeeiros. Foi indicado que a silagem tratada com celulase tinha concentrações mais baixas de pH e NH3-N do que a silagem não tratada de ambas as espécies vegetais.

Pinos, *et al.* (2002) demonstraram o efeito de uma enzima fibrolítica exógena diretamente alimentada na digestibilidade do feno de luzerna e de azevém pelos ovinos. Os tratamentos foram o feno de luzerna, o feno de luzerna mais a enzima fibrolítica exógena, o feno de azevém e o feno de azevém mais a enzima. A enzima aumentou a concentração de AGTL (3 e 6 h) para ambos os fenos.

Abdel-Gawad *et al.* (2007) avaliaram os efeitos das enzimas fibrolíticas compostas por xilanase e celulase na digestibilidade in *vitro* e *in vivo* dos nutrientes dos caules de milho, da palha de trigo, da palha de arroz e do bagaço de cana-de-açúcar. Verificaram que não foram detectadas diferenças significativas (P>0,05) entre as rações experimentais no pH ruminal, mas foram registados valores significativos (P<0,05) da concentração de azoto amoniacal nos borregos alimentados com caules de milho e palha de trigo tratados, em comparação com o controlo. A concentração total de AGVs no licor ruminal aumentou significativamente (P<0,05) para os borregos alimentados com os caules de milho tratados, em comparação com os outros tratamentos.

Gado *et al.* (2007) estudaram o efeito do tratamento biológico (celulase; licor ruminal e *Cellumonas cellulasea*) do bagaço para melhorar o desempenho de cabras Baladi. Indicaram que os valores do pH do licor ruminal não diferiram significativamente entre os tratamentos. Os valores totais de AGV para o bagaço tratado com enzima celulase, licor ruminal e Cellumonas *cellulasea* foram superiores aos do bagaço não tratado.

Gado *et al.* (2009) estudaram o efeito de uma mistura de enzimas fibrolíticas exógenas (ZADO®) de bactérias anaeróbias na fermentação ruminal em vacas suíças pardas alimentadas com rações totais mistas. Verificaram que a suplementação de enzimas aumentou (P<0,05) as concentrações de amoníaco N ruminal e de ácidos gordos de cadeia curta (AGCC) totais, e as proporções individuais de AGCC foram alteradas com um aumento do acetato (61,0-64,8 mol/100 mol; P=0,05) antes da alimentação, e o acetato e o propionato aumentaram 3 h após a alimentação (60,0-64,0 e 18,3-20,8 mol/100 mol, respetivamente (P<0,05).

2.3.4. Efeito das enzimas fibrolíticas em alguns parâmetros sanguíneos

Kholif, (2006) verificou que as cabras alimentadas com enzimas fibrolíticas ou silagem tratada com fungos apresentavam valores mais elevados de proteínas totais séricas (P<0,05), albumina (P>0,05) e glucose. As concentrações séricas de globulina, ureia, lípidos totais, GOT e GPT não foram afectadas pelos tratamentos.

Gado *et al.* (2007) relataram que o tratamento biológico (celulase; licor ruminal e *cellumonas cellulasea*) do bagaço aumentou as concentrações plasmáticas de proteínas totais e ureia em cabras baldi.

Azzaz *et al.,* (2012b) descobriram que a adição de celulases a dietas de cabras em lactação aumentou (P<0,05) as concentrações plasmáticas de proteína total, albumina, globulina, ureia e Alanina aminotransferase (ALT). As concentrações plasmáticas de aspartato aminotransferase (AST) e de glicose não foram afectadas pelos tratamentos com celulases.

Kholif *et al.*, (2012) relataram que os búfalos alimentados com rações suplementadas com enzimas fibrolíticas exógenas Zad1 e Zad2 tinham maior (P<0,05) concentração de glicose no soro. **As** proteínas totais séricas, a albumina, a globulina, a relação albumina/globulina, o azoto ureico, os lípidos totais e o colesterol não foram significativamente afectados pelos tratamentos.

2.3.5. Efeito das enzimas fibrolíticas na produção e composição do leite

Beauchemin *et al.* (1999) descobriram que a produção real de leite não foi afetada pela suplementação com enzimas fibrolíticas; no entanto, a produção de 4% FCM tendeu a ser maior (P<0,12) para as vacas alimentadas com enzimas suplementares do que as vacas de controlo. As vacas tratadas produziram teores mais elevados de lactose no leite, e uma tendência (P<0,07) para um teor mais elevado de proteínas no leite. O aumento do teor de lactose do leite causado pela suplementação enzimática foi atribuído à maior quantidade de amido digerido no rúmen, que forneceu mais propionato para a síntese de glicose, poupando assim a proteína e aumentando o teor de proteína do leite.

David *et al.* (1999) concluíram que a aplicação de uma mistura de produtos enzimáticos de celulase e xilanase a forragens antes da alimentação de dietas de 55:45 de forragem para concentrado aumentou a produção real de leite de vacas leiteiras em lactação de 3,6 a 10,8% e a produção de leite com correção de energia de 7 a 16%.

Lewis *et al.* (1999) verificaram que a alimentação direta de vacas Holstein com uma mistura de enzimas celulase e xilanase no início ou a meio da lactação pode ser benéfica para melhorar a produção de leite, o leite com correção energética e os rendimentos de gordura e proteína.

Rode *et al.* (1999) afirmaram que a produção de leite foi 10% superior (P<0,11) para as vacas alimentadas com uma dieta suplementada com enzimas xilanase e celulase em comparação com as vacas alimentadas com a dieta de controlo. O aumento da produção de leite das vacas alimentadas com o suplemento enzimático não foi acompanhado por um aumento significativo da produção dos componentes do leite, embora a produção de lactose e de proteínas tenha sido mais elevada durante toda a experiência para as vacas alimentadas com a dieta suplementada com enzimas do que para as vacas alimentadas com a dieta de controlo. Em contraste, a produção de gordura do leite só foi maior durante as primeiras 3 semanas do estudo para as vacas alimentadas com a dieta suplementada com enzimas. A produção de gordura do leite das vacas tratadas com a dieta desceu abaixo da das vacas alimentadas com a dieta de controlo. A percentagem de gordura do leite foi consideravelmente mais baixa (P = 0,02) para as vacas alimentadas com a dieta tratada com enzimas do que para as vacas alimentadas com a dieta de controlo. As percentagens de proteínas do leite (P = 0,13) e de lactose (P = 0,09) também tenderam a ser inferiores nas vacas alimentadas com a dieta suplementada com enzimas.

Schingoethe *et al.* (1999) observaram que a produção real de leite era semelhante (P > 0,05) entre vacas alimentadas diretamente com enzima celulase e vacas alimentadas com dieta sem enzima (controlo). No entanto, a produção de 3,5% de FCM e de leite corrigido em termos de energia foi superior (P < 0,05) quando as vacas foram alimentadas com dietas tratadas com enzimas ou com uma dieta mais concentrada, em comparação com a dieta de controlo.

Kung *et al.* (2000) relataram que o tratamento de uma dieta na qual a forragem era baseada em silagem de milho e feno de alfafa com uma mistura de enzimas celulase e xilanase melhorou a produção de leite sem efeitos marcantes na composição do leite. O aumento da produção de leite ocorreu sem alterações aparentes na DMI ou nas fracções fibrosas dos alimentos.

Yang *et al.* (2000) demonstraram o efeito do método de aplicação de enzimas nas dietas das vacas sobre a ação das enzimas exógenas. As enzimas fibrolíticas exógenas (mistura de enzimas celulase e xilanase) aplicadas à porção concentrada da dieta das vacas no início da lactação têm o potencial de aumentar a produção de leite devido a uma melhor digestibilidade dos nutrientes no trato total. A aplicação de enzimas à ração total misturada antes da alimentação melhorou a digestibilidade, mas não teve qualquer efeito na produção de leite.

Zheng *et al.* (2000) determinaram o momento mais apropriado no ciclo de lactação para começar a alimentar forragens tratadas com enzimas. Eles concluíram que a alimentação de forragens tratadas com uma mistura de enzimas celulase e xilanase imediatamente antes da alimentação aumentou a produção de leite de vacas em lactação. Embora a altura em que se iniciou a alimentação com forragens tratadas com enzimas não tenha sido estatisticamente significativa

Dhiman *et al.* (2002) avaliaram as respostas de produção de vacas leiteiras Holstein à aplicação de enzimas celulase, xilanase e esterase do ácido ferúlico (FAE) na porção de forragem da dieta. Concluíram que o consumo de ração, a produção de leite, a produção de energia do leite, os componentes do leite e o ganho de peso corporal (PC) das vacas não foram afectados pelo tratamento enzimático

Kung *et al.* (2002) descobriram que as vacas alimentadas com uma TMR cuja forragem tinha sido tratada com misturas de enzimas celulase e xilanase tendiam a produzir mais 3,5% de FCM do que as vacas alimentadas com forragem não tratada. A produção de leite, a gordura do leite e a proteína do leite não foram afectadas pelo tratamento.

Titi e Lubbadeh (2004) estudaram os efeitos da alimentação de ovelhas e cabras com enzima celulase na produção e composição do leite durante os primeiros 60 dias de lactação. Afirmaram que, em ambas as espécies, a produção de leite foi aumentada (P < 0,05) em 10-12% afetada pelo tratamento com enzimas alimentares, sem efeito do sexo, da espécie ou de qualquer das suas interacções. As ovelhas Awassi tratadas tinham maior (P < 0,05) gordura e proteína do leite quando comparadas com as ovelhas de controlo, enquanto que não foram encontradas diferenças entre os grupos de cabras tratadas e não tratadas. Em ambas as espécies, os valores médios de sólidos totais foram mais elevados (P < 0,05) nos grupos tratados em comparação com os grupos não tratados de ovelhas e cabras.

Mohamed *et al.* **(2005)** referiram que a utilização de misturas de enzimas celulase e xilanase como aditivo na dieta de ovelhas melhorou o peso ao desmame de borregos em aleitamento às 16 semanas de idade, indicando uma maior produção de leite.

Elwakeel *et al.* **(2007)** estudaram o impacto da adição de enzimas fibrolíticas às dietas das vacas na presença e ausência de levedura suplementar para determinar se as respostas às enzimas poderiam ser influenciadas pela suplementação com levedura. Indicaram que a produção de leite, a eficiência do leite e a produção de todos os componentes do leite não foram afectados pela adição de enzimas fibrolíticas ou de levedura.

Gado *et al.* **(2009)** relataram que a produção de leite e a energia do leite foram maiores ($P<0,05$) para vacas alimentadas com a dieta suplementada com enzimas fibrolíticas exógenas (ZADO®). No entanto, o aumento da produção de leite para as vacas alimentadas com enzimas não foi acompanhado por aumentos no rendimento dos componentes do leite, exceto o PC, que foi aumentado ($P<0,05$) pela adição de produto enzimático.

Azzaz *et al.,* **(2012b)** descobriram que a adição de celulases a dietas de cabras em lactação aumentou ($P<0,05$) o leite, 4% de leite corrigido com gordura (FCM), gordura do leite, proteína, lactose e rendimento de sólidos totais, enquanto a composição do leite não foi afetada pelo tratamento com celulases.

Kholif *et al.,* **(2012)** relataram que as búfalas alimentadas com rações suplementadas com enzimas fibrolíticas exógenas Zad1 e Zad2 tiveram maior ($P<0,05$) produção de leite e 4% de gordura corrigida, enquanto os componentes do leite, exceto sólidos e não gordura, não foram significativamente afectados pela suplementação com enzimas fibrolíticas exógenas.

2.3.6. Factores que afectam a ação das enzimas fibrolíticas

2.3.6.1. Composição do produto enzimático

A celulase e a pectinase são termos genéricos para grupos de actividades enzimáticas específicas, de tal forma que dois produtos com rótulos idênticos para o nível de enzimas podem diferir nos efeitos sobre a digestão da fibra ruminal, e o fracasso (ou sucesso) de um produto não garante o de um produto aparentemente idêntico **(Siciliano-Jones, 1999).** Vários artigos sobre as respostas dos animais aos suplementos enzimáticos são publicados sem referência à atividade enzimática, ou com actividades enzimáticas medidas a temperaturas e pH diferentes dos do rúmen, de modo que a atividade potencial desses produtos é sobrestimada. As condições ruminais podem causar uma perda da atividade das enzimas fibrolíticas, de tal forma que não se observam respostas no consumo de alimentos e na produção de leite após a aplicação de enzimas **(Vicini *et al.*, 2003).**

2.3.6.2. Modo e tempo de administração da enzima

Apelos anteriores para mais investigação sobre os tempos de armazenamento pré-alimentar de componentes alimentares tratados com enzimas **(Wallace *et al.*, 2001)** levaram a estudos *in vitro* e *in vivo* em que as enzimas foram adicionadas imediatamente ou 24 horas antes da alimentação. No entanto, uma vez que esses estudos não revelaram diferenças devido ao tempo de tratamento com enzimas, foi sugerido que há pouca ou nenhuma necessidade de uma fase de reação para as enzimas adicionadas às dietas **(Beauchemin *et al.*, 2003).** No entanto, é necessária mais investigação nesta área, uma vez que muitos estudos envolvem agora a adição de enzimas a concentrados na moagem e implicam períodos de interação enzima-dieta de até um mês. Dependendo das condições de armazenamento, a atividade enzimática pode ser reduzida por períodos tão prolongados. A dosagem intra-ruminal de enzimas exógenas não afectou a digestibilidade aparente da MS, da proteína bruta (PC) ou da fibra detergente neutra (FDN), mas reduziu o pH ruminal e a atividade das principais enzimas fibrolíticas endógenas, tendo também aumentado a fração solúvel da MS e a degradabilidade efectiva da MS **(Hristov *et al.*, 2000).**

Trabalhos anteriores destes autores **(Hristov *et al.*, 1998)** mostraram que a infusão abomasal ou a suplementação dietética com enzimas exógenas não aumentaram a ingestão de MS, a degradação *in situ* ou a digestão total do trato em bovinos. Também não foram encontradas diferenças entre a suplementação com concentrado ou ração mista total e a infusão ruminal com enzimas na digestibilidade da ingestão de MS ou na produção de leite em vacas leiteiras **(Sutton *et al.*, 2003)**. Estes estudos sugerem que o fornecimento pós-ingestivo de enzimas fibrolíticas não é mais eficaz do que a suplementação dietética para aumentar a ingestão de alimentos, a digestão e a produção de leite em bovinos. Não é claro porque é que o tratamento dietético não foi eficaz nos estudos acima referidos, uma vez que este modo de fornecimento é a chave para aproveitar o potencial das enzimas exógenas na nutrição de ruminantes **(Wallace *et al.*, 2001)**.

2.3.6.3. Atividade ruminal e estabilidade de enzimas alimentadas diretamente

A atividade enzimática é ditada por vários factores, incluindo a presença de inibidores e co-factores, o pH prevalecente, a humidade, a temperatura e a concentração de enzima e substrato. Um erro comum é a determinação da atividade enzimática em condições que optimizam a ação da enzima mas que diferem consideravelmente do ambiente ruminal, de modo que a atividade enzimática medida é sobrestimada. É evidente que, se se espera que a enzima exerça a maior parte do seu efeito no rúmen, a atividade enzimática deve ser medida em condições que imitem o ambiente ruminal.

A adoção de métodos recentemente propostos para normalizar a medição da atividade das enzimas fibrolíticas **(Colombatto e Beauchemin, 2003)** deverá ajudar neste aspeto. **Dawson e Tricarico (1999)** sugeriram que o período mais ativo para os efeitos enzimáticos se situa nas primeiras 6 a 12 horas do processo digestivo, embora também tenham especulado que essa ação ocorre antes da colonização bacteriana dos substratos alimentares ou da ação das enzimas endógenas. Em apoio, **Newbold (1997)** observou que as enzimas devem funcionar dentro de algumas horas após a alimentação antes de serem degradadas pela atividade proteolítica dos micróbios do rúmen.

A probabilidade de proteólise ruminal limitou a utilização de enzimas nos alimentos para ruminantes durante décadas. No entanto, **Morgavi *et al.* (2001)** verificaram que quatro enzimas comerciais eram estáveis quando incubadas em fluido ruminal, pepsina ou pancreatina, e atribuíram este facto aos transportadores e estabilizadores, aos processos de fabrico e às interacções enzimasubstrato. As proteases do hospedeiro e o pH ácido do abomaso são mais susceptíveis de degradar as enzimas exógenas do que as proteases ruminais **(Hristov *et al.*, 1998 e Morgavi *et al.*, 2001).**

A estabilidade sustentada das enzimas no rúmen pode resultar da glicolisação enzimática natural ou artificialmente induzida, que envolve a ligação covalente de monossacarídeos a cadeias laterais de aminoácidos específicos nas enzimas. Foi demonstrado que a glicolisação confere resistência à proteólise em monogástricos e no fluido ruminal **(Van de Vyver *et al.*, 2004),** mas as enzimas não glicosiladas também podem resistir à proteólise ruminal devido à adaptação ao longo do tempo e à sua composição genética **(Fontes *et al.*, 1995).**

No entanto, estão disponíveis comercialmente várias preparações enzimáticas diferentes, e a falta de resposta ao tratamento enzimático em alguns dos estudos pode ser atribuída à instabilidade das enzimas ruminais. Por exemplo, **(Vicini *et al.*, 2003)** atribuíram a falta de resposta ao tratamento enzimático no seu estudo a um pH ruminal mais elevado e a uma temperatura ruminal mais baixa do que os valores óptimos para as actividades fibrolíticas da sua preparação enzimática. Por conseguinte, existem variações notáveis na estabilidade das preparações enzimáticas disponíveis no mercado e a sua estabilidade ruminal deve ser verificada antes de serem utilizadas na prática.

2.3.6.4. Especificidade enzimática dos alimentos para animais e parte da dieta à qual as enzimas são aplicadas

Os estudos seguintes revelam a importância de adequar as enzimas a substratos específicos: **Beauchemin *et al.* (1997)** relataram maiores respostas quando as enzimas foram aplicadas a forragens secas em vez de forragens húmidas. **Feng *et al.* (1996)** demonstraram que as enzimas de alimentação direta eram mais eficazes quando aplicadas em erva seca no momento da alimentação do que em erva seca recém-cortada na colheita ou em erva seca murcha após a colheita. Quando a mesma enzima foi aplicada ao feno e à silagem de milho, aumentou a digestão do NDF da silagem de milho, mas não do feno **(Siciliano-Jones, 1999).**

Também a aplicação da mesma enzima à luzerna e ao azevém aumentou a digestibilidade da luzerna, mas não do azevém **(Pinos *et al.*, 2002).** Outras provas da especificidade enzima-alimento são evidentes em estudos em que as enzimas foram adicionadas a um componente específico da dieta. **Bowman *et al.* (2002)** descobriram que a aplicação de enzimas ao concentrado (45% da ração mista total, TMR) em vez de um suplemento granulado (4% da TMR) ou uma pré-mistura (0,4% da TMR) não afectou a ingestão, a salivação ou a função ruminal, mas aumentou numericamente a produção de leite corrigida pela gordura em comparação com vacas de controlo. Concluíram, portanto, que a proporção da dieta à qual a enzima é aplicada deve ser maximizada para garantir uma resposta benéfica.

Em contraste, **(Yang *et al.*, 2000)** mostraram que a aplicação de enzimas ao concentrado foi mais eficaz do que a sua aplicação à TMR em termos de resposta na produção de leite e digestibilidade da MS, matéria orgânica (MO) e PC. No entanto, outros estudos não encontraram diferenças na produção de leite e na ingestão quando as enzimas foram aplicadas à TMR ou à forragem **(Vicini *et al.*, 2003)** ou à TMR ou ao concentrado **(Phipps *et al.* 2000 e Sutton *et al.*, 2003)** ou aos cubos de alfafa e ao concentrado **(Yang *et al.*, 1999). Uma** vez que os concentrados são facilmente fermentados por via ruminal e contêm baixas concentrações de fibra, os efeitos benéficos da adição de enzimas a esta fração da dieta podem dever-se a efeitos sinérgicos nas populações microbianas e na secreção endógena de enzimas, e não à hidrólise direta da parede celular. Além disso, o estudo em que a aplicação de enzimas ao concentrado se revelou mais eficaz **(Yang *et al.*, 2000)** teve um rácio forragem/concentrado mais baixo (38:62) do que os estudos (57:43, 57:43, 55:45 e 60:40) em que não se verificou esse rácio **(Yang *et al.*, 1999; Phipps *et al.*, 2000; Sutton *et al.*, 2003 e Vicini *et al.*, 2003).** Por conseguinte, o efeito do componente da dieta ao qual a enzima é adicionada pode depender do rácio forragem/concentrado e da uniformidade da aplicação da enzima a esse componente.

2.3.6.5. Nível de aplicação da enzima

Vários estudos mostraram que a aplicação de níveis elevados de enzimas em forragens ou dietas produz respostas menos desejáveis do que níveis baixos. Por exemplo, **Lewis *et al.* (1999) observaram** que um nível médio de suplementação enzimática produzia mais leite do que um nível baixo ou alto de aplicação, e **Beauchemin *et al.* (2000)** descobriram que um nível alto de aplicação de enzimas era menos eficaz do que um nível baixo para aumentar a digestibilidade total do trato. A razão da fraca resposta ao nível baixo de enzimas é óbvia, mas a do nível mais elevado é menos evidente. Pode ser parcialmente atribuída à inibição por retroação negativa, que é um dos modos clássicos de regulação da ação enzimática. Este mecanismo de feedback ocorre quando a ação da enzima é inibida pela produção de uma concentração crítica de um produto da interação enzima-substrato. Por exemplo, a fermentação de açúcares produzidos pela hidrólise da parede celular pode reduzir o pH ruminal para níveis que inibem a digestão da parede celular.

Uma hipótese alternativa é que a aplicação excessiva de enzimas bloqueia os locais de ligação das enzimas ou pode impedir a colonização do substrato **(Beauchemin *et al.* 2000 e Beauchemin *et al.*, 2003)**. O facto de as enzimas poderem ser sobrealimentadas ou subalimentadas torna a sua aplicação complexa **(Dawson e Tricarico, 1999)** e sublinha a necessidade de determinar o nível ótimo de aplicação para cada preparação enzimática. Uma observação mais desconcertante é que a avaliação *in vitro* das actividades de duas enzimas fibrolíticas revelou que, quando adicionadas às taxas recomendadas pelos seus fabricantes, as enzimas não aumentariam significativamente as actividades de glicanase e polissacaridase no fluido ruminal, a menos que fossem utilizadas taxas de aplicação muito mais elevadas **(Wallace *et al.*, 2001)**. Isto realça a necessidade de mais estudos *in vivo* para verificar as taxas de aplicação e as actividades de algumas enzimas comercialmente disponíveis.

2.3.6.6. Estádio de lactação das vacas leiteiras

Teoricamente, a suplementação enzimática por alimentação direta deve ser mais eficaz quando a digestão da fibra ruminal está comprometida devido a factores como a acidose, ou quando o fornecimento de glucose na dieta é inadequado para satisfazer as necessidades da vaca, como no início da lactação. Em apoio, a suplementação enzimática com alimentação direta aumentou a produção de leite de vacas no início da lactação, mas não de vacas no meio da lactação **(Schingoethe *et al.* 1999)** e aumentou o ganho de peso, a produção de leite e a ingestão de alimentos no início da lactação, mas não no final da lactação (**Knowlton *et al.*, 2002**). Também quando vacas com balanço energético positivo foram alimentadas com dietas suplementadas com enzimas, o aumento da ingestão de energia digestível devido à suplementação com enzimas não aumentou a produção de leite (**Beauchemin *et al.*, 2000**).

Em contraste, **Lewis *et al.* (1999)** mostraram que a suplementação enzimática aumentou a produção de leite no início ou no meio da lactação em duas experiências separadas. Também **Zheng *et al.* (2000)** descobriram que o estágio da lactação não afetou o aumento da produção de leite devido à suplementação enzimática, mas concluíram que atrasar a suplementação enzimática até 6 semanas pós-parto resultou em uma perda de 280 kg de leite nas primeiras 18 semanas de lactação e, portanto, recomendaram começar a alimentar com dietas suplementadas com enzimas logo após o parto.

III. MATERIAIS E MÉTODOS

Este trabalho foi realizado na estação experimental agrícola, unidade de investigação de gado, Faculdade de Agricultura, Universidade do Cairo, Giza, Egipto. A produção de enzimas e as análises químicas e microbiológicas foram efectuadas nos laboratórios do Departamento de Dietas, Centro Nacional de Investigação (NRC), Dokki, Giza, Egipto. Este estudo foi efectuado em duas fases:

1. A primeira fase [Ensaios laboratoriais]

1.1. Ensaios laboratoriais de produção de pectinase

1.1.1. Preparação de microrganismos, meios e inóculos

O Asperigillus niger foi utilizado para o rastreio da sua capacidade de utilização da pectina como principal fonte de carbono para a produção de pectinase fúngica; foi obtido no laboratório de patologia vegetal do Centro Nacional de Investigação, Giza, Egipto. Foi cultivado e mantido em meio de ágar dextrose de batata (PDA). O meio de malte contendo extrato de malte (30 g/l) e extrato de levedura (5 g/l) foi utilizado para preparar os inóculos fúngicos activados; o meio de polpa de beterraba em pó (BPPM) foi utilizado para o crescimento e a produção de pectinase. O meio tem a seguinte composição (g/l) NaCl, 6,0; $(NH_4)_2So_4$, 1,0; K_2HPO_4, 1,0; $MgSo_4, 7H_2O$, 0,05; $CaCl_2$, 0,1; extrato de levedura, 0,5; peptona, 0,5; glucose, 4,0; polpa de beterraba em pó, 10,0 e o pH do meio foi ajustado para pH 6,0.

Os esporos de *Asperigillus niger* foram transferidos da superfície das lâminas de crescimento ativo do meio (PDA) para frascos cónicos de 250 ml, cada um contendo 50 ml de meio de malte. Após incubação num agitador rotativo (120 rpm) a $29^+ 1^\circ$ C durante 48 h, a cultura crescida foi utilizada como inóculo para frascos cónicos experimentais de 1000 ml contendo 100 ml de (BPPM) a uma taxa de 5 % (V/V) do tamanho do inóculo.

1.1.2. Condições de cultura que afectam a produção de pectinase.

Foram utilizadas culturas estáticas para estudar a produção de pectinase por *Aspergillus niger* em condições variáveis, incluindo o efeito da concentração do substrato (polpa de beterraba), o tamanho do inóculo, o período de incubação, o pH inicial e a fonte de azoto. O procedimento geral incluiu a utilização de triplicados de frascos cónicos de 1000 ml, cada um contendo 100 ml de BPPM.

Foi investigado o efeito da concentração de substrato (polpa de beterraba) variando de 4% a 20% (W/V) na produção de pectinase por *Aspergillus niger*. A polpa de beterraba fermentada de cada frasco foi misturada com 100 ml de tampão acetato 0,02M (pH 5,0), agitando num agitador rotativo (120 rpm) durante uma hora à temperatura ambiente para extrair a enzima e a mistura extraída foi filtrada e recolhida para o ensaio da atividade da pectinase.

Foi estudado o efeito do tamanho do inóculo variando de 1% a 8% (V/V) na produção de pectinase por *Aspergillus niger*. A influência do período de incubação foi estudada através da determinação das actividades de pectinase após 24, 48, 72, 96 e 120 h. O efeito do pH inicial do meio de crescimento foi estudado através do ajuste dos valores iniciais do pH num intervalo entre 3 e 8 utilizando NaOH ou HCl 0,1N

O efeito da fonte de azoto incluiu a utilização de três sais inorgânicos (sulfato de amónio, cloreto de amónio e nitrato de sódio) e três fontes orgânicas (extrato de carne, extrato de levedura e peptona). As várias fontes de azoto foram utilizadas separadamente a uma concentração equivalente de 0,33 g N/l de meio, como recomendado por **Murad, (1998)**. Estas fontes de azoto substituíram a fonte de azoto original presente no BPPM. O nível de um parâmetro optimizado numa experiência foi mantido nos estudos subsequentes.

1.1.3. Fontes de enzimas

1.1.3.1. Asperozima

Enzimas fibrolíticas produzidas em laboratório a partir de *Aspergillus niger*. Cada grama contém 30 unidades de pectinase e 4 unidades de celulase.

1.1.3.2. Tomoko®

Uma fonte comercial de enzimas do Biogenkoji Research Institute - Japão, o produto enzimático foi feito a partir de *Aspergillus Awamori* (3 milhões de células/g), incluindo

1000 unidades/g de protease ácida, 30 unidades/g de pectinase, 25 unidades/g de xilanase, 20 unidades/g de α-amilase, 10 unidades/g de fitase, 5 unidades/g de glucoamilase e 4 unidades/g de celulase.

1.1.4. Ensaio de enzimas

As atividades de pectinase e carboximetilcelulase (CMC) para o extrato enzimático bruto resultante (Asperozym) e a fonte de enzimas comerciais (**Tomoko®**) foram determinadas de acordo com **Buga et al., (2010)** e **Mandels *et al.,* (1974)**, respetivamente. Uma unidade de atividade de pectinase foi definida como a quantidade de enzima que produziu um μmole de ácido D-galacturónico por minuto a 40°C e pH 5,0 (**Soares *et al.,* 1999**), enquanto uma unidade de celulase foi definida como a quantidade de enzima que liberta açúcar redutor à taxa de um μmol/ml/min em condições de ensaio (**Miller ,1972**).

1.2. Tratamento enzimático da fibra de bananeira

As fibras de banana foram recolhidas por decapagem manual, secas e depois tratadas com extrato enzimático bruto produzido em laboratório (60 U pectinase /1 g DM de fibra de banana/1000ml de acetato de tampão a pH 6,5) durante 24 horas a 40° C e 100 rpm num agitador rotativo. A fibra de banana não tratada enzimaticamente (controlo) foi mantida no frasco nas mesmas condições da fibra de banana tratada sem adição de enzima. Finalmente, foram tiradas micrografias electrónicas de varrimento das fibras tratadas e não tratadas para observar o efeito do tratamento enzimático.

1.3. Desaparecimento *in vitro* da MS e da MO da polpa seca de beterraba sacarina

Foram utilizados 35 frascos de incubação (volume de 250 ml) para determinar o desaparecimento *in vitro da* matéria seca e da matéria orgânica (IVDMD e IVOMD) da polpa seca de beterraba sacarina. Foram pesadas com exatidão amostras de 1 g de polpa de beterraba seca em pó em cada frasco. Estes frascos foram suplementados separadamente com uma solução de Asperozym e Tomoko (5 frascos por cada nível de enzima) a diferentes níveis (0, 1, 1,5 e 2 g/Kg DM). A técnica *in-vitro* foi efectuada de acordo com **Fondevila e Pérez-Espés, (2008). Os** procedimentos foram efectuados em frascos com 140 ml de solução de incubação preparada sob atmosfera de CO2, incluindo uma solução tampão, uma solução de macrominerais e minerais vestigiais, uma solução de redução e inóculo ruminal. O fluido ruminal foi obtido de carneiros alimentados com ração de feno de bérberis utilizando um tubo estomacal. O conteúdo total do rúmen foi obtido antes da alimentação matinal, espremido através de quatro camadas de gaze e o líquido foi recolhido num frasco térmico previamente aquecido. Os frascos foram selados e mantidos a 39° C num banho-maria com agitação (20 oscilações/min) durante 48 h. **2. A segunda fase [Ensaios agrícolas]**

2.1. Polpa de beterraba sacarina

A polpa de beterraba é o resíduo sólido após a extração do açúcar da beterraba sacarina; foi seca e peletizada para ser utilizada como alimento para animais. Foi obtida da empresa Delta da indústria açucareira na província de Khafr El-Seikh.

2.2. Digestibilidade e pistas de lactação 2.2.1. Animais experimentais

No presente estudo, foram utilizadas quinze búfalas em plena lactação, do terceiro ao quinto período de lactação, com um peso médio de 620 kg. As búfalas foram divididas aleatoriamente, após 3 meses de parto, em três grupos de cinco animais cada, utilizando um desenho aleatório completo. O período experimental total foi de 63 dias (9 semanas). As primeiras 3 semanas foram consideradas como período de adaptação às novas rações. Após este período de adaptação, foram colhidas amostras de leite todas as semanas até ao final do período experimental. As amostras de sangue, ração e fezes foram colhidas duas vezes, a primeira após um mês no início do período experimental e a segunda no final do período experimental.

2.2.2. Rações experimentais

Os búfalos foram alimentados individualmente de acordo com 3 % do peso corporal (matéria seca), sendo a alimentação alterada continuamente consoante as alterações de peso dos animais. O primeiro grupo de búfalos foi alimentado com 45% de mistura de alimentos concentrados (CFM), 30% de silagem de milho, 15% de polpa de beterraba seca e 10% de palha de arroz (ração de controlo). O segundo grupo foi alimentado com ração de controlo suplementada com Asperozym a 2 g/kg de MS (R_1), enquanto o terceiro grupo foi alimentado com ração de controlo suplementada com Tomoko® a 2 g/kg de MS. (R_2). A mistura de alimentos concentrados consistia em 45% de milho amarelo, 20% de farinha de soja, 15% de farelo de trigo, 15% de grãos secos de destilaria com solúveis (DDGS), 3% de calcário, 1% de minerais e 1% de NaCl. As composições químicas do CFM, da silagem de milho, da polpa seca de beterraba sacarina e da palha de arroz são apresentadas no quadro (1).

Quadro 1. Composição química dos ingredientes dos alimentos para animais (com base na MS)

Item	CFM	Silagem de milho	Polpa de beterraba sacarina	Arroz palha	Ração experimental (calculada)
Composição química, %					
OM	89.60	92.05	96.06	83.71	90.72
PC	13.92	7.58	9.75	2.74	10.28
EE	6.70	3.77	3.18	1.91	4.81
CF	4.76	22.96	14.76	27.00	13.94
NFE	64.22	57.74	68.37	52.06	61.71
Cinzas	10.40	7.95	3.94	16.29	9.29
Componentes da parede celular, %					
NDF	30.03	51.91	52.41	66.69	43.62
ADF	11.82	40.78	34.63	53.51	28.10
ADL	3.94	5.59	1.26	11.87	4.83
Hemicelulose	18.21	11.13	17.79	13.18	15.52
Celulose	7.88	35.19	33.37	41.64	23.27

Hemicelulose = NDF-ADF, Celulose = ADF-ADL, CFM: mistura de alimentos concentrados para animais.

2.2.3. Gestão da alimentação

A mistura de alimentos concentrados foi oferecida duas vezes por dia às 8:00 e às 16:00 horas, a silagem de milho e a polpa de beterraba seca foram oferecidas às 9:00 horas, enquanto a palha de arroz foi oferecida às 17:00 horas. As enzimas foram introduzidas duas vezes por dia a cada animal do segundo e terceiro grupos com a mistura de alimentos concentrados. Os animais dispunham de água fresca durante todo o tempo.

2.2.4. Determinação dos coeficientes de digestão

A sílica foi usada como marcador interno para determinar a digestibilidade, conforme descrito por **Ferret et al., (1999)**. As amostras fecais foram colhidas manualmente no reto de cada animal às 12:00 horas (após a distribuição da CFM matinal) durante dois dias sucessivos, duas vezes, a primeira nos dias 31 -32[thth] do início do período experimental e a segunda nos dias 61 -62[thth] do início do período experimental. As fezes recolhidas foram secas a 70 °C durante 48 h e, em seguida, trituradas para passar por um peneiro de 1 mm num moinho de rações (FZ102, Shanghai Hong Ji instrument Co., Ltd., Shanghai, China) para análise química. O coeficiente de digestibilidade dos nutrientes foi calculado de acordo com a seguinte fórmula.

$$\text{Digestion co-efficient} = 100 - \left[100 \, x \, \frac{\%\,indicator\,in\,feed}{\%\,indicator\,in\,feces} \, x \, \frac{\%\,nutrient\,in\,feces}{\%\,nutrient\,in\,feed} \right]$$

2.2.5. Análise dos alimentos e das fezes

Os alimentos para animais e as amostras fecais foram analisados de acordo com os métodos da **A.O.A.C. (1995)** para determinar os teores de matéria seca (MS), proteína bruta (PC), extrato etéreo (EE), fibra bruta (FC) e cinzas. Os teores de matéria orgânica (OM) e de extrato isento de azoto (NFE) foram calculados por diferença. Os teores de fibra em detergente neutro (FDN), fibra em detergente ácido (FDA) e lenhina em detergente ácido (LDA) foram determinados segundo os métodos descritos por **Van Soest et al. (1991).**

2.2.6. Amostragem e análise do plasma sanguíneo

As amostras de sangue foram colhidas diretamente em tubos de vidro contendo EDTA como anticoagulante da veia jugular de cada animal às 12:00 p.m. (4 horas após a distribuição da CFM matinal) durante um dia sucessivo, duas vezes, a primeira em 33th dia do início do período experimental e a segunda em 63th dia do início do período experimental. Foram centrifugados a 4000 r.p.m. /20 min. O plasma foi armazenado a -18 °C até à análise. O plasma foi recolhido e as proteínas totais do plasma foram determinadas conforme descrito por **Armstrong e Carr (1964)**, a albumina

(Doumas *et al.*, 1971), ureia **(Fawcett e Soctt (1960)**, glucose **(Siest *et al.*, 1981)** e Aspartato aminotransferase (AST) e Alanina aminotransferase (ALT) plasmáticas **(Reitman e Frankel, 1957)**. Foi calculada a globulina e o rácio albumina/globulina.

2.2.7. Colheita de amostras e análise do leite

As búfalas eram ordenhadas à máquina duas vezes por dia, às 7:00 e às 19:00 horas. As amostras de leite foram recolhidas após o final do período de adaptação, durante os últimos três dias de cada semana, até ao final do período experimental. As amostras de leite foram recolhidas imediatamente de cada animal após a ordenha da manhã e da tarde e a produção de leite foi registada. A amostra de cada animal representava uma amostra mista de percentagem constante da produção da tarde e da manhã. As amostras de leite foram analisadas quanto a sólidos totais, gordura, proteínas totais e lactose por espetrofotometria de infravermelhos (Foss 120 Milko- Scan, Foss Q3 183 Electric, Hiller0d, Dinamarca) de acordo com os procedimentos **da A.O.A.C. (1995)**. Foi calculado o teor de sólidos não gordos (SNF). O leite corrigido para gordura (4% de gordura) foi calculado utilizando a seguinte equação de acordo com **Gaines, (1928)**:

FCM = 0,4 M + 15 F, onde: M= produção de leite (g) e F= produção de gordura (g).

3. Análise estatística

Os dados obtidos neste estudo foram analisados estatisticamente pelo **IBM SPSS Statistics for Windows (2011)** usando o seguinte procedimento de modelo geral:.

$$Y_{ij} = \mu + T_i + e_{ij}.$$

Em que Y_{ij} é o parâmetro em análise do frasco ij dos rastos de laboratório ou do búfalo dos rastos da exploração, μ é a média global, T_i é o efeito devido ao tratamento no parâmetro em análise, eij é o erro experimental para ij na observação, os testes de gama múltipla de Duncan foram utilizados para testar a significância entre médias **(Duncan, 1955)**

IV. RESULTADOS E DISCUSSÃO

1. A primeira fase [ensaios laboratoriais]

1.1. Condições de cultura que afectam a produção de pectinase

1.1.1. Efeito da concentração de substrato na produção de pectinase

É geralmente aceite que o meio ótimo para a produção melhorada de pectinase é o que contém materiais pécticos como indutor **(Solis-Pereira *et al.*, 1993; Hang e Woodanms, 1994; Naidu e Panda, 1998).** O resultado ilustrado na Fig. (3) mostra o efeito de diferentes concentrações de substrato péctico (polpa de beterraba) variando de 4% a 20% (W/V) na produção de pectinase por *A.niger*. A atividade máxima de pectinase (P<0,05) alcançada (3,2 U/ml) foi obtida na concentração de 16% de polpa de beterraba, enquanto a atividade mínima de pectinase alcançada (2,82 U/ml) foi obtida na concentração de 4% de polpa de beterraba do meio BPP. Este resultado está de acordo com o obtido por **Castilho *et al.*, (2000)** que verificaram que a formação de pectinase por *A.niger* diminui com níveis de humidade elevados.

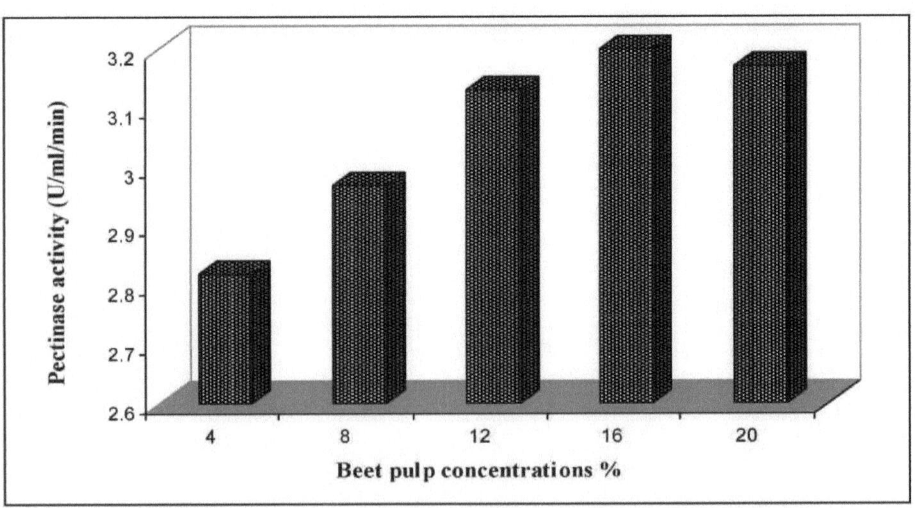

Fig (3) Efeito da concentração de polpa de beterraba na produção de pectinase por *A.niger*

O teor de humidade é um fator crítico nos processos de produção de enzimas porque esta variável tem influência no crescimento e na biossíntese e secreção de diferentes metabolitos **(Krishna e Chandrasekaran, 1996; Ellaiah *et al.*, 2002)**. Níveis de humidade mais elevados (como a concentração de 4% de polpa de beterraba no meio BPP) podem causar uma redução no rendimento enzimático devido ao impedimento estérico do crescimento da estirpe produtora por redução da porosidade (espaços interpartículas) da matriz sólida, interferindo assim na transferência de oxigénio **(Lonsane *et al.*, 1985)**.

Por outro lado, **Mamma *et al,* (2008)** relataram que o menor teor de umidade causa redução na solubilidade dos nutrientes do substrato, baixo grau de inchamento e alta tensão de água. Além disso, **Acuna-Arguelles *et al.*, (1995)** relataram que, em meios com baixa disponibilidade de água, os fungos sofrem modificações na sua membrana celular, levando a limitações de transporte e afectando o metabolismo microbiano. Essa pode ser a razão para a redução da atividade da enzima pectinase na concentração de 20% de polpa de beterraba no meio BPP.

Com base nos resultados mencionados, a concentração de polpa de beterraba a 16% foi escolhida para estudos posteriores em meio BPP.

1.1.2. Efeito do tamanho do inóculo na produção de pectinase

A.niger exibiu respostas diferentes a variações no tamanho do inóculo de 1% a 8% (V/V). Os dados apresentados na Fig.4 indicam que a produção de pectinase aumentou significativamente (P<0,05) com o aumento do tamanho do inóculo até 5% (3,89 U/ml). Um aumento adicional do tamanho do inóculo até 8% levou a uma diminuição da produção de pectinase. A diminuição da produção de enzimas com o aumento do inóculo pode dever-se à aglomeração de células, o que pode ter reduzido a taxa de absorção de açúcar e oxigénio e a libertação de enzimas **(Folakemi *et al.*, 2008)**. Com base nos presentes resultados, o tamanho do inóculo a 5% foi escolhido para estudos posteriores em meio BPP.

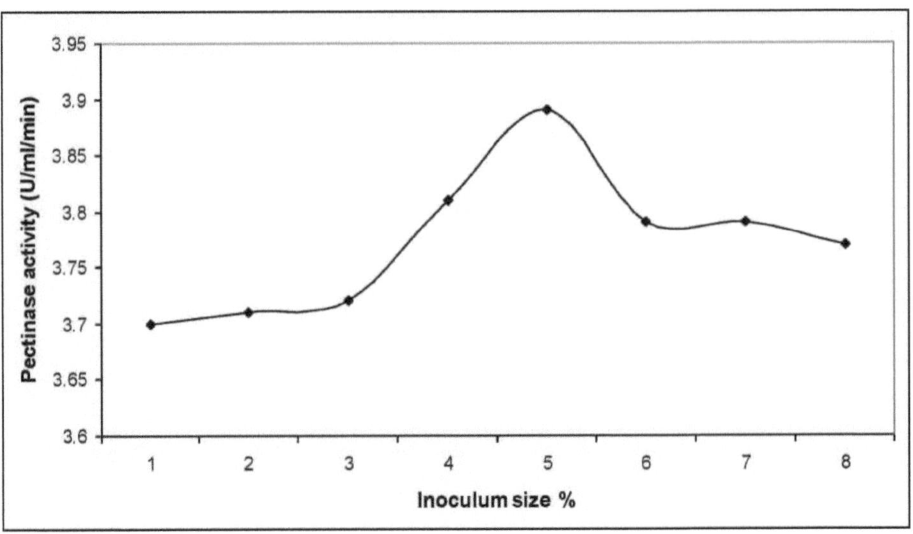

Fig (4) Efeito do tamanho do inóculo na produção de pectinase por *A.niger*

1.1.3. Efeito do período de incubação na produção de pectinase

O tempo de fermentação teve um efeito profundo na formação de produtos microbianos **(Murad e Foda, 1992; Murad, 1998; Murad e Salem, 2001).** A produção de pectinase em BPPM modificado foi monitorizada durante um período de 120 horas (Fig. 5). A atividade de pectinase mais elevada (P<0,05) foi registada após 48 horas (3,95 U/ml) de incubação, tendo diminuído posteriormente.

O tempo de incubação depende da taxa de crescimento do microrganismo e do seu padrão de produção de enzimas. **Ghildyal *et al.* (1981)** referiram que a produção máxima de enzima péctica de diferentes bolores varia de 1 a 6 dias. **Castilho *et al,* (2000) referiram que a** atividade mais elevada de pectinase foi obtida por *A.niger,* para um tempo de fermentação de 22 h, enquanto **Rangarajan *et al,* (2010)** verificaram que a pectinase apresenta uma atividade máxima após 40 h de fermentação por *A.niger* cultivado em casca de laranja.

Além disso, **Leda *et al.* (2000)** referiram que as actividades mais elevadas de poligalacturonase foram obtidas por *A. niger* após 70 h de período de fermentação. Além disso, **Sarvamangala e Dayanand (2006)** observaram um aumento gradual na produção de pectinase a partir de cabeça de girassol sem sementes por *A. niger* após 72 h de período de fermentação em condições submersas e até 96 h em condições de estado sólido.

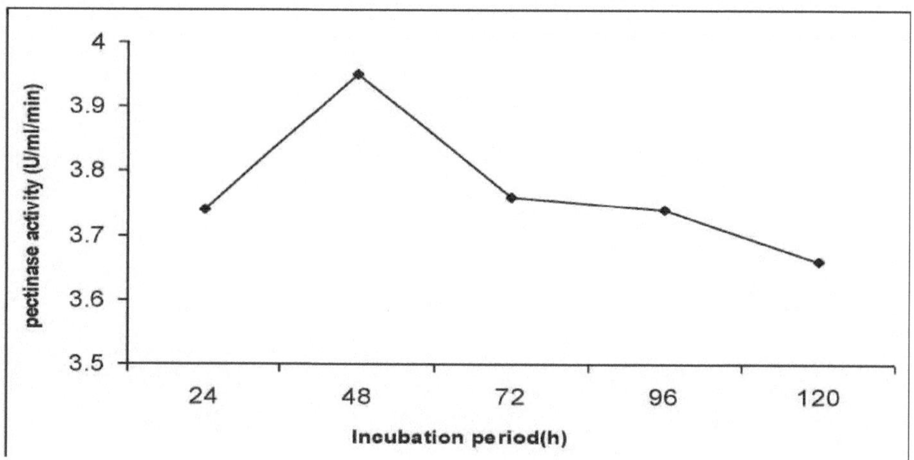

Fig (5) Efeito do período de incubação na produção de pectinase por *A.niger*

A partir dos dados anteriores, foi selecionado um período de incubação de 48 h para realizar mais estudos sobre o BPPM modificado por *A.niger*.

1.1.4. Efeito do pH inicial na produção de pectinase

Como se mostra na Fig.6. O pH inicial do meio tem um efeito profundo na produção de pectinase. A produção de pectinase por *A.niger* em pH variável de BPPM apresentou os valores mais elevados (P<0,05) a pH 7,0 (4,02 U/ml), e quando o nível de pH aumentou, a produção de enzima diminuiu. O pH inicial do meio tem um grande efeito sobre o crescimento do organismo, a permeabilidade da membrana, bem como sobre a biossíntese e a estabilidade das enzimas **(Shoichi *et al.*, 1985; Poorna e Prema, 2006).**

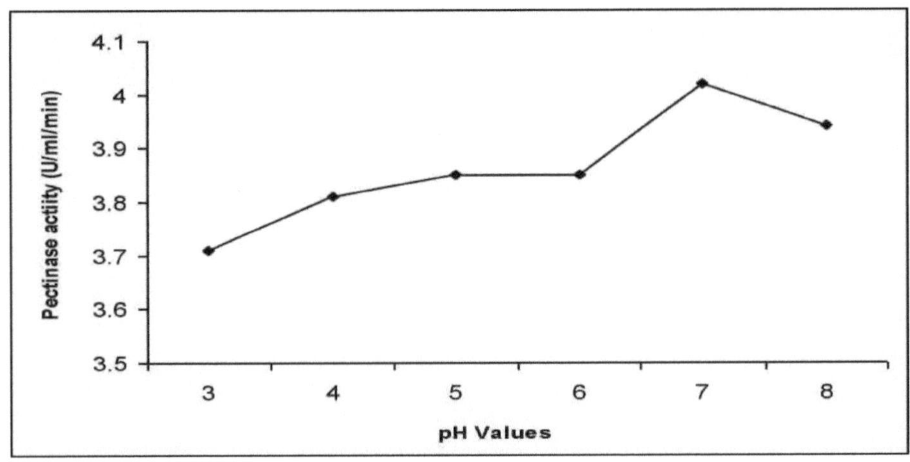

Fig (6) Efeito do pH inicial na produção de pectinase por *A.niger*

A produção óptima de enzimas pécticas a partir de muitos bolores tem sido relatada como estando dentro da gama de pH ácido **(Zetelaki-Horvath, 1980; Shin *et al.*, 1983). Debing *et al.*, (2005)** descobriram que o pH 6,5 era o pH ótimo para a produção de pectinase a partir de *A. niger* por fermentação em estado sólido. Além disso, **Rasheedha *et al.* (2010) verificaram** que *P. chrysogenum* apresentava uma produção máxima de poligalacturonase a um pH inicial de 6,5. Estes dados sugerem que os sistemas enzimáticos dentro da mesma espécie podem variar, dependendo da estirpe em estudo. Com base nos resultados obtidos, o pH inicial do meio foi ajustado para pH 7 para *A.niger* em estudos subsequentes com BPPM modificado.

1.1.5. Efeito da fonte de azoto na produção de pectinase

Os efeitos das fontes de azoto orgânico e inorgânico na produção de pectinase foram amplamente estudados **(Aguilar *et al.*, 1991; Kashyap *et al.*, 2003; Vivek *et al*, 2010).** Os dados apresentados na Fig.7 revelaram que, entre as 6 fontes de azoto orgânico e inorgânico testadas, o extrato de levedura foi considerado a melhor fonte de azoto, produzindo o nível mais elevado de atividade de pectinase (P<0,05) por *A.niger* (3,78 U/ml). Estes dados indicam que a fonte de azoto deve ser orgânica para obter melhores resultados.

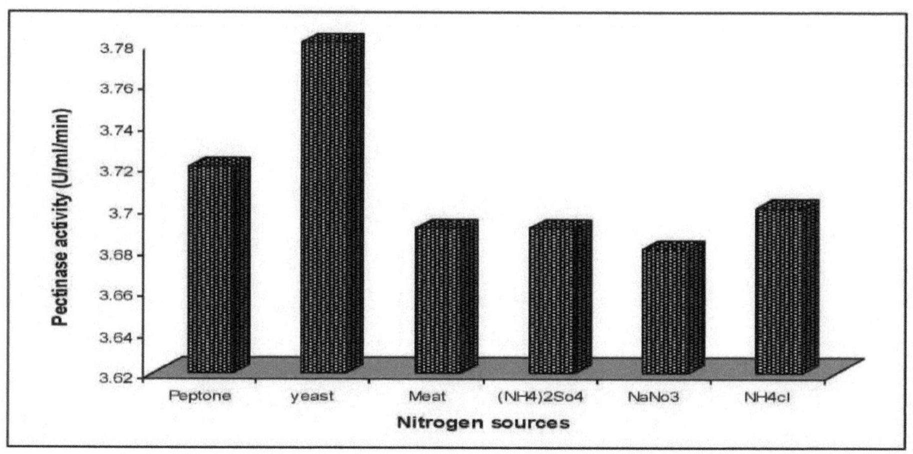

Fig (7) Efeito da fonte de azoto na produção de pectinase por *A.niger*

Os resultados estão em consonância com os relatados por **Aguilar *et al.*, (1991)** que afirmaram que o extrato de levedura é o melhor indutor de pectinases por *Aspergillus* sp. Além disso, **Kashyap *et al.*, (2003)** descobriram que o extrato de levedura, a peptona e o cloreto de amónio aumentavam a produção de pectinase até 24% e que a adição de glicina, ureia e nitrato de amónio inibia a produção de pectinase. Além disso, **Vivek *et al.* (2010)** verificaram que as fontes de azoto orgânico apresentavam actividades de endo e exo pectinases mais elevadas do que as fontes de azoto inorgânico. Também se observou um aumento do nível de atividade das enzimas com o aumento do teor da fonte de azoto no caso das fontes de azoto orgânico, enquanto se observou uma tendência decrescente para as fontes de azoto inorgânico.

1.2. Tratamento enzimático da fibra de bananeira

No presente estudo, as fibras de bananeira descascadas e secas à mão foram tratadas com pectinase bruta obtida de *A.niger*. Foram tiradas micrografias electrónicas de varrimento para observar o impacto da enzima nas fibras (Fig.8). As fotografias mostram claramente que as células foram separadas após o tratamento como resultado da hidrólise da pectina.

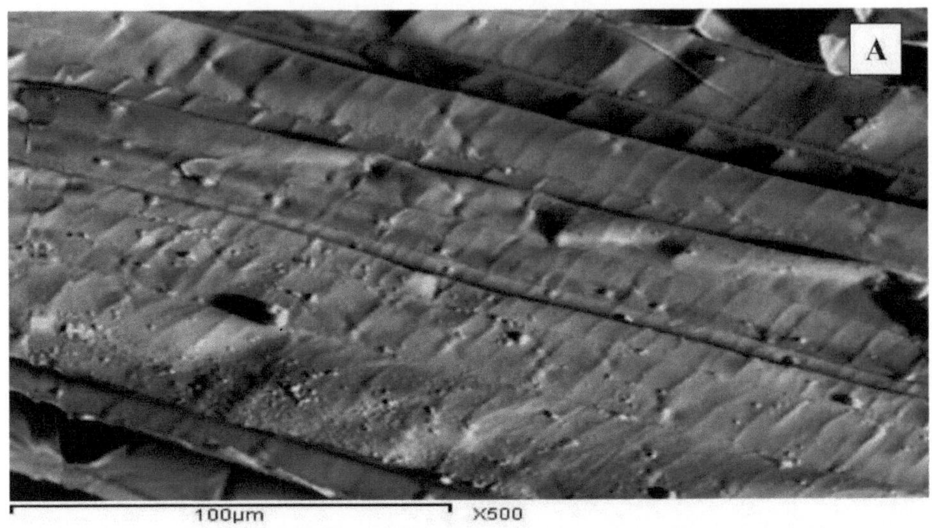
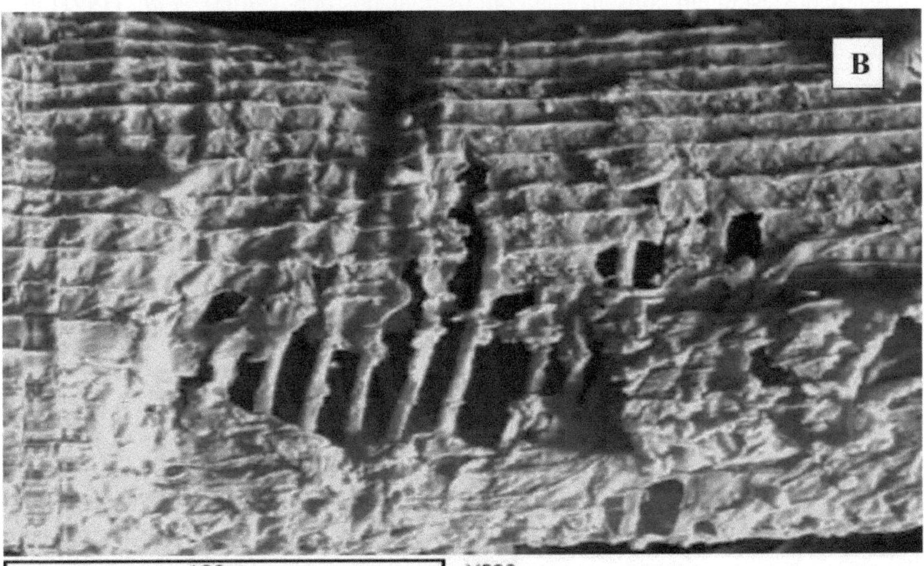

Fig. (8) Micrografias electrónicas de varrimento das fibras de bananeira. As micrografias electrónicas de varrimento das fibras de bananeira foram tiradas antes (A) e depois (B) do tratamento com pectinase bruta.

Nos tecidos de plantas superiores, as células estão unidas através da lamela média que consiste principalmente em xilano e pectina **(Jacob *et al*, 2008).** Quando as fibras foram tratadas com pectinase bruta, a lamela média foi hidrolisada, o que, por sua vez, levou à separação das fibras.

1.3. Desaparecimento *in vitro* da MS e da MO da polpa seca de beterraba sacarina

Todos os níveis de Asperozym e Tomoko® aumentaram (P<0,05) o desaparecimento da MS e da MO da polpa de beterraba seca em comparação com a polpa de beterraba seca não tratada (Controlo), que deu os valores mais baixos de IVDMD e IVOMD (Tabela 2). O aumento dos níveis de suplementação com Asperozym e Tomoko® até 2 g/kg de MS proporcionou os valores mais elevados de IVDMD e IVOMD da polpa de beterraba seca.

Tabela (2) Efeito das enzimas fibrolíticas na matéria seca e no desaparecimento da matéria orgânica (*in vitro*) da polpa seca de beterraba sacarina.

Enzima Fonte	Níveis enzimáticos (g/Kg)	IVDMD (%)	Eficiência enzimática %[1]	IVOMD (%)	Eficiência enzimática %[2]
Controlo	0	42.74[d]	0.00	52.02[d]	0.00
Asperozima	1	53.05[c]	24.12	61.91[c]	19.01
	1.5	63.28[b]	48.06	71.00[b]	36.79
	2	68.37[a]	59.97	74.92[a]	44.02
Tomoko®	1	55.56[c]	30.00	65.52[c]	25.95
	1.5	63.45[b]	48.46	71.16[b]	36.49
	2	71.33[a]	66.89	80.15[a]	54.08

1- Eficiência enzimática[1] % (DM) = IVDMD% (amostra) - IVDMD% (controlo) / IVDMD% (controlo)*100 2- Eficiência enzimática[2] % (OM) = IVOMD% (amostra) - IVOMD% (controlo) / IVOMD% (controlo)*100 Cada valor das médias obtidas a partir de cinco amostras.

a, b, c e d com diferentes sobrescritos na mesma coluna são significativamente diferentes (P <0,05)

Os efeitos positivos das enzimas fibrolíticas na digestibilidade dos nutrientes foram registados em diferentes estudos *in vitro* (**Colombatto** *et al.* **2006; Abdel-Gawad** *et al.* **2007; Krueger e Adesogan, 2008; Azzaz** *et al.***, 2012b). Dong** *et al.* **(1999)** demonstraram que os efeitos das enzimas podem começar quando a enzima está em contacto com o substrato, pelo que a interação enzima-alimento parece ser importante. A adição de enzimas aos alimentos pode criar um complexo enzima-alimento estável que protege as enzimas livres da proteólise pelos microrganismos do rúmen, tal como referido por **Kung** *et al.* **(2000).**

Até à data, pouco se sabe sobre a forma como as enzimas fibrolíticas exógenas melhoram a digestibilidade dos alimentos para ruminantes. Foram propostos vários modos de ação potenciais. Estes incluem: 1) aumento da colonização microbiana das partículas da ração. (**Yang** *et al.***, 1999),** 2) aumento da fixação e/ou melhoria do acesso à matriz da parede celular pelos microrganismos ruminais e, ao fazê-lo, acelera a taxa de digestão (**Nsereko** *et al.***, 2000)** e 3) aumento da capacidade hidrolítica dos microrganismos ruminais devido a actividades enzimáticas adicionais e/ou sinergia com enzimas microbianas ruminais (**Morgavi** *et al.***, 2000).**

No presente estudo, o Asperozym e o Tomoko® podem ter a capacidade de degradar substratos complexos (celulose e pectina) em substratos mais simples, o que pode ter alterado a estrutura da polpa de beterraba sacarina seca, tornando-a mais acessível aos microrganismos ruminais e permitindo uma colonização e fermentação microbianas ruminais mais rápidas.

2. A segunda fase [Ensaios agrícolas]

2.1. Digestibilidade e valores nutritivos

Os dados do Quadro (3) e das Figuras (9 e 10) mostram claramente que ambas as rações suplementadas com Asperozym (R1) e Tomoko® (R2) aumentaram significativamente (P<0,05) a digestibilidade da MS, OM, CF, NFE, NDF e ADF em comparação com a ração de controlo. Não foram detectadas diferenças significativas (P>0,05) na digestibilidade do PC e EE entre as búfalas tratadas e não tratadas com enzimas fibrolíticas. Estes resultados estão de acordo com outros estudos que relataram um aumento na digestibilidade total do trato da MS, OM e digestibilidade da fração de fibra, após o tratamento com enzimas fibrolíticas (**Morgavi** *et al.*, **2000; Colombatto** *et al.*, **2003; Abdel-Gawad** *et al.* **2007; Hristov et al., 2008; Gado** *et al.*, **2009; Azzaz** *et al.*, **2012b; Kholif** *et al.*, **2012).**

Quadro (3) Efeito das enzimas fibrolíticas nos coeficientes de digestão e nos valores nutritivos das rações experimentais dadas a búfalos.

	Rações experimentais			
Item	Controlo	Ri	R2	SE±
Peso corporal inicial (kg)	621	619	621.8	2.15
Peso corporal final (kg)	628	626.6	629.6	1.31
Ganho de peso corporal (g/h/d)	111	121	124	8.9
Digestibilidade dos nutrientes (%)				
DM	53.78b	59.49a	60.34a	1.30
OM	60.60b	66.14a	66.61a	1.23
PC	63.89	66.78	65.53	0.50
CF	57.92b	66.44a	63.43a	1.65
EE	74.73	70.99	73.61	0.93
NFE	62.90b	70.02a	69.38a	1.45
NDF	51.66b	60.93a	57.14a	1.79
ADF	61.72b	67.99a	67.34a	1.37
Valores nutritivos:				
TDN (%)	61.66b	67.00a	66.34a	1.06
DCP (%)	6.71	6.87	6.74	0.05

As médias designadas com a mesma letra na mesma linha não são significativamente diferentes a um nível de probabilidade de 0,05.

SE: Erro padrão.

Seria de esperar que as enzimas fibrolíticas exógenas aumentassem a digestibilidade total do trato através do aumento da taxa de digestão ruminal da fração NDF potencialmente digerível **(Yang *et al.*, 1999)**, mas o aumento da digestibilidade total do trato pode também dever-se, em parte, à redução da viscosidade da digesta **(Hristov *et al,* 2000)**, a alterações na fermentação ruminal **(Nsereko et al., 2002)** e/ou a uma maior fixação e colonização da parede celular da planta por microrganismos ruminais **(Nsereko *et al.*, 2000; Wang *et al.*, 2001)** e/ou a um sinergismo com enzimas no fluido ruminal **(Morgavi *et al.*, 2000)**.

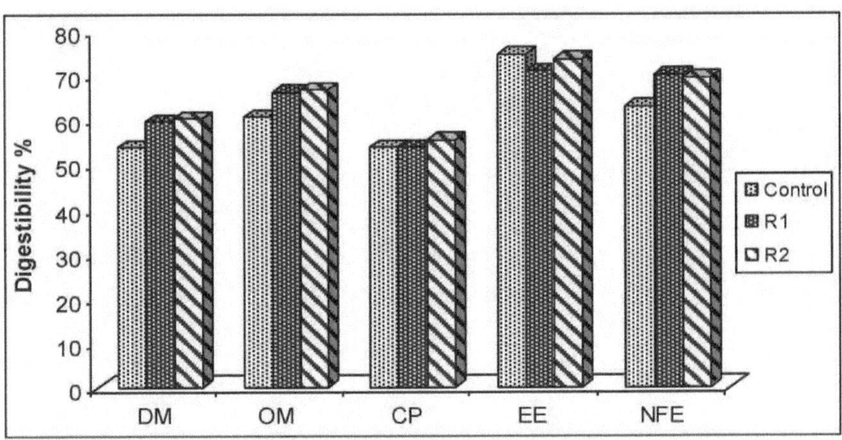

Fig. (9) Digestibilidade dos nutrientes não fibrosos das rações experimentais.

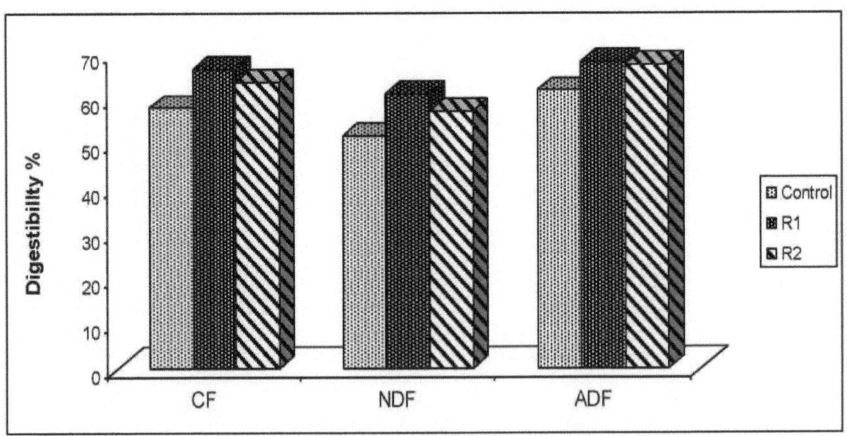

Fig. (10) Digestibilidade dos nutrientes fibrosos das rações experimentais.

No entanto, é improvável que o aumento da digestão da fibra resulte apenas da atividade enzimática suplementar, porque a contribuição das enzimas exógenas adicionadas para a atividade ruminal total é relativamente pequena **(Beauchemin *et al.,* 2001). Morgavi *et al.,* (2000)** demonstraram um sinergismo entre as enzimas exógenas e as enzimas ruminais de tal forma que o efeito hidrolítico líquido combinado no rúmen era muito maior do que o estimado a partir das actividades enzimáticas individuais. **Wang *et al.,* (2001) relataram** que a suplementação enzimática aumentou o número de bactérias não fibrolíticas e fibrolíticas num sistema de cultura em lote com fluido ruminal. A estimulação do número de micróbios do rúmen através da utilização de enzimas poderia resultar numa biomassa microbiana mais elevada, o que proporcionaria uma maior atividade total de polissacaridase para digerir os alimentos para animais.

Os valores nutritivos das rações experimentais expressos em nutrientes digestíveis totais (NDT) e proteína bruta digestível (PCD) são apresentados no quadro (3) e nas figuras (11 e 12).

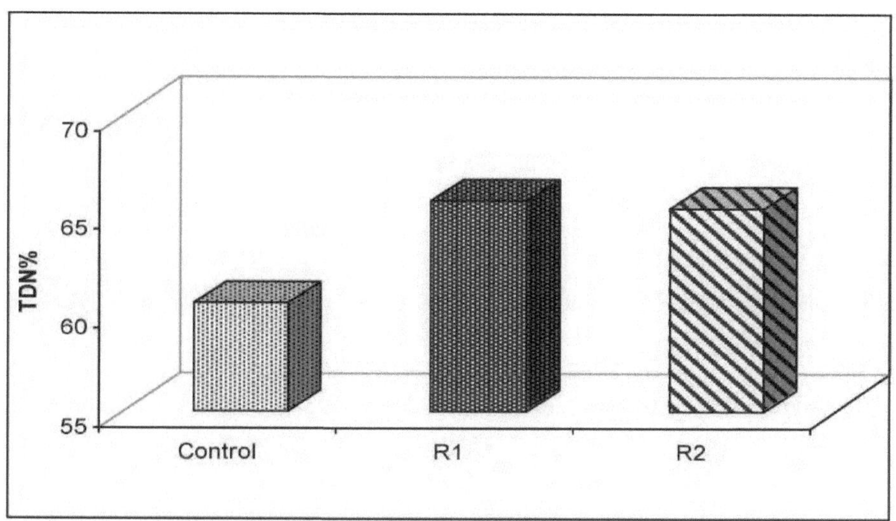

Fig. (11) Nutrientes digestíveis totais (NDT) das rações experimentais.

A proteína bruta digestível (PCD) não foi afetada pelos tratamentos com enzimas fibrolíticas. Isto pode dever-se à menor solubilidade da proteína do milho (zeína), tal como referido por **Nolan, (1976),** a zeína consiste na maior parte da proteína da ração fornecida aos búfalos neste estudo. Os nossos resultados estão de acordo com os obtidos por **Knowlton** *et al.,* **(2002) e Muwalla** *et al.,* **(2007).** Estes autores mencionaram que a digestibilidade aparente das proteínas não foi significativamente afetada pelo tratamento com enzimas fibrolíticas.

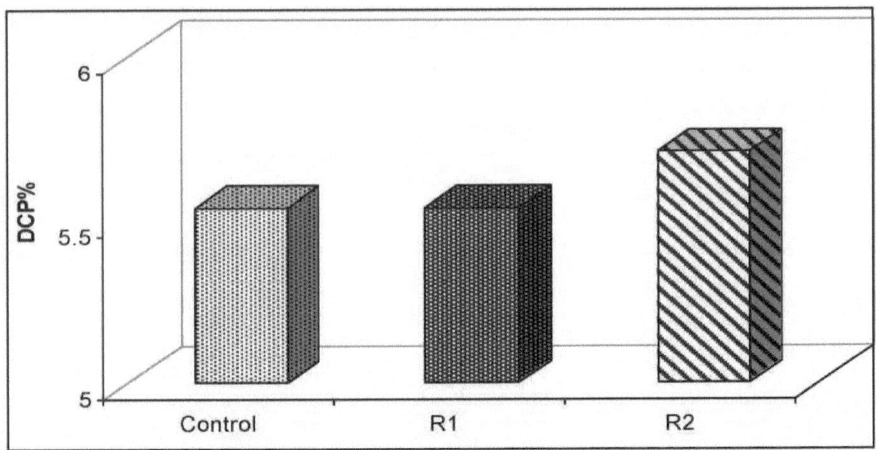

Fig. (12) Proteína bruta digestível (PCD) das rações experimentais.

Por outro lado, os búfalos alimentados com rações tratadas com enzimas fibrolíticas apresentaram um TDN significativamente mais elevado (P<0,05) em comparação com os alimentados com a ração de controlo. Este facto pode ser atribuído à acumulação de uma grande quantidade de hidratos de carbono facilmente fermentáveis, libertados devido à ação das enzimas fibrolíticas sobre a celulose e a pectina das rações dadas aos búfalos. Este resultado está de acordo com os obtidos por **Azzaz** *et al.,* **(2012b) e Kholif** *et al.,* **(2012).**

2.2. Parâmetros do plasma sanguíneo

O efeito dos tratamentos com enzimas fibrolíticas (Asperozym e Tomoko®) nas proteínas totais plasmáticas, na albumina, na concentração de globulina e na relação albumina/globulina de búfalas em lactação ligeira que receberam as diferentes rações experimentais é apresentado no Quadro (4) e na Fig. (13). As rações suplementadas com enzimas fibrolíticas não afectaram significativamente as concentrações plasmáticas de proteínas totais, albumina, globulina e a relação albumina/globulina. Isto pode ser devido a diferenças insignificantes entre búfalas tratadas com enzimas fibrolíticas e não tratadas (controlo) na digestibilidade das rações proteicas. Os nossos resultados estão de acordo com os obtidos por **Kholif *et al.*, (2012).** que afirmaram que as rações suplementadas com enzimas exógenas não afectaram significativamente a proteína total do soro sanguíneo dos búfalos, a albumina, a globulina e a relação albumina/globulina.

Tabela (4) Parâmetros do plasma sanguíneo de búfalas em lactação alimentadas com as diferentes proporções experimentais.

Artigos	Rações experimentais			_ ± SE
	controlo	R1	R2	
Proteína total (g/dl)	6.03	6.13	6.17	0.18
Albumina (g/dl)	3.61	3.66	3.84	0.1
Globulina (g/dl)	2.42	2.48	2.34	0.14
Rácio albumina/globulina	1.57	1.64	1.66	0.1
Ureia (mg/dl)	31.52	30.66	29.2	1.02
AST (U/ml)	31.83	30.67	30.33	0.91
ALT (U/ml)	21.5	20.83	20.33	0.94
Glicose (mg/dl)	74.11	72.17	73.81	1.87
Lípidos totais (mg/dl)	484.26	491.86	498.37	4.4

SE: Erro padrão

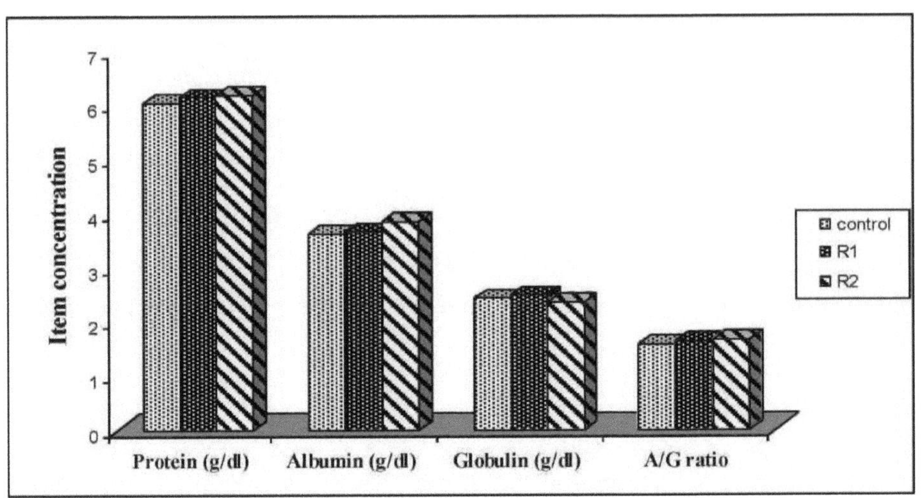

Fig (13) Concentrações plasmáticas de proteínas totais, albumina, globulina e relação albumina/ globulina de búfalas em lactação alimentadas com as diferentes rações experimentais.

O efeito dos tratamentos com enzimas fibrolíticas (Asperozym e Tomoko®) na ureia plasmática, na aspartato aminotransferase (AST) e na alanina aminotransferase (ALT) de búfalas em lactação que receberam as diferentes rações experimentais é apresentado no Quadro (4) e na Fig. (14)

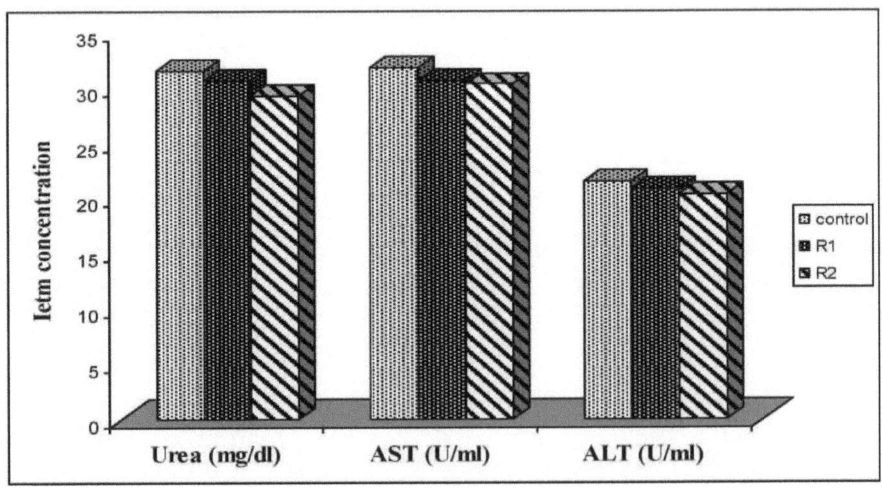

Fig (14) Concentrações plasmáticas de ureia, AST e ALT de búfalas em lactação alimentadas

com as diferentes rações experimentais.

A ureia é o principal produto final do metabolismo do azoto nos ruminantes. É sintetizada no fígado e extraída no glomérulo, enquanto as transaminases (AST e ALT) catalisam a transferência do grupo amino (NH_2) de um alfa-aminoácido para um alfa-cetoácido, formando um novo aminoácido e cetoácido **(Maxine, 1984)**. A AST é o indicador mais importante da atividade hepática.

Os dados do quadro (4) e da figura (14) mostraram que os valores de ureia, AST e ALT no plasma sanguíneo não foram afectados pelos tratamentos com enzimas fibrolíticas. Estes resultados são paralelos aos obtidos por **Kholif, (2006).** que constatou que os animais alimentados com silagem tratada com enzimas fibrolíticas ou fungos não registaram alterações significativas nas concentrações de ureia, GOT e GPT no soro sanguíneo em comparação com os animais alimentados com silagem não tratada. Além disso, **Kholif _et al._ (2012)** verificaram que as rações suplementadas com enzimas exógenas não afectaram significativamente os valores de ureia, AST e ALT no soro sanguíneo dos búfalos.

A glucose plasmática das búfalas em lactação que receberam as diferentes rações experimentais é apresentada na Tabela (4) e na Fig. (15). Os valores da glucose plasmática foram: 74,11, 72,17 e 73,81 (mg/dl) para o controlo, R1 e R2, respetivamente. Não houve diferenças significativas (P>0,05) entre todos os grupos nas médias gerais da glucose plasmática. Estes resultados são semelhantes aos obtidos por **Kholif (2006),** que concluiu que os animais alimentados com enzimas fibrolíticas ou silagem tratada com fungos não registaram um aumento significativo da concentração de glucose no soro. **(2012b)** verificaram que a adição de celulases a dietas de cabras em lactação não afectou significativamente a concentração de glucose no plasma.

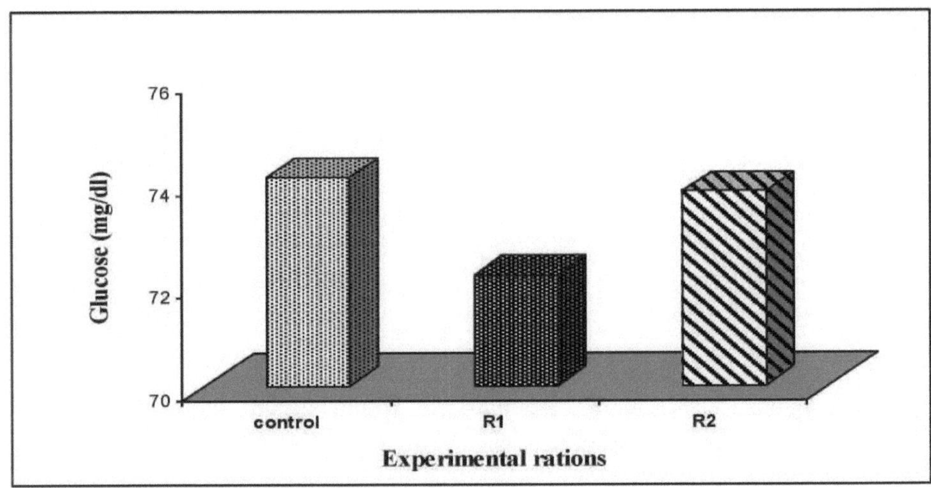

Fig. (15) Concentração de glucose no plasma (mg/dl) de búfalas em lactação alimentadas com as diferentes rações experimentais.

Os lípidos totais plasmáticos das búfalas em lactação que receberam as diferentes rações experimentais são apresentados na Tabela (4) e na Fig. (16). Os valores dos lípidos totais plasmáticos foram: 484,26, 491,86 e 498,37 (mg/dl) para o controlo, R1 e R2, respetivamente.

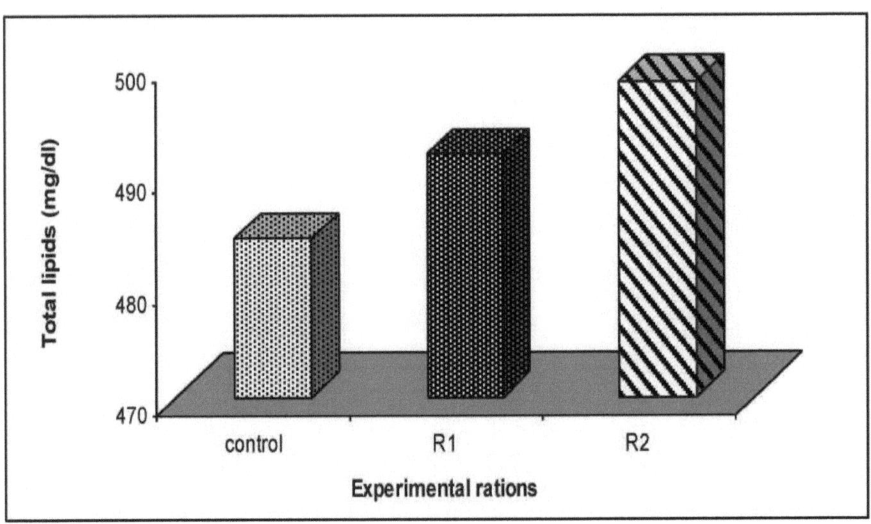

Fig. (16). Concentração de lípidos totais no plasma (mg/dl) de búfalas em lactação alimentadas

com as diferentes rações experimentais.

Não houve diferenças significativas (P>0,05) entre todos os grupos nas médias gerais dos lípidos totais plasmáticos, mas os lípidos totais plasmáticos mostraram um ligeiro aumento nos búfalos alimentados com rações suplementadas com enzimas fibrolíticas em comparação com os búfalos de controlo. Estes resultados estão em consonância com os obtidos por **Kholif (2006)**, que concluiu que os animais alimentados com enzimas fibrolíticas ou silagem tratada com fungos não registaram um aumento significativo da concentração de lípidos totais no soro. Além disso, **Azzaz et al., (2012b)** verificaram que a adição de celulases a dietas de cabras em lactação não afectou significativamente a concentração de lípidos totais no plasma. Também **Kholif et al., (2012) verificaram** que as rações suplementadas com enzimas exógenas não afectaram significativamente a concentração de lípidos totais no soro de búfalos.

Por último, as concentrações de proteínas plasmáticas, glicose, lípidos totais, AST e ALT não foram significativamente afectadas pelos tratamentos e situaram-se no intervalo normal para animais saudáveis. Estes resultados indicam que os aditivos testados nas rações de búfalas em lactação não afectaram negativamente a atividade hepática ou a saúde geral do animal.

2.3. Produção de leite e sua composição

Os dados da Tabela (5) e das Figuras (17, 18) mostraram que não houve diferenças significativas (P>0,05) entre os grupos de controlo e os grupos tratados com enzimas fibrolíticas na composição do leite e nos rendimentos dos componentes do leite. A adição de Asperozym à ração de búfalas em lactação aumentou a produção de leite em 5,3% e a produção de leite corrigida para 4% de gordura em 3,71%, enquanto que a adição de Tomoko® à ração de búfalas em lactação aumentou a produção de leite em 5% e a produção de leite corrigida para 4% de gordura em 2,64%, em comparação com a ração de controlo. Estes resultados confirmaram os obtidos por **Chen et al. (1995),** que descobriram que a aplicação de misturas de enzimas fibrolíticas (DigestM®, Loveland Industries Inc., Greeley, CO, EUA) em grãos de sorgo não melhorou a produção de leite em vacas Holstein. Da mesma forma, a adição de uma polissacaridase não amilácea aos grãos aumentou a digestibilidade total do trato em vacas em lactação média (**Beauchemin** *et al.,* **2000**)**,** mas nenhum efeito foi observado na produção de leite. Também **Bowman** *et al.,* **(2002)** relataram que, apesar do aumento na digestão total do trato alimentar, a resposta na produção de leite não foi observada com a suplementação de enzimas fibrolíticas em dietas de vacas leiteiras Holstein. **Ballard** *et al.,* **(2003) e Reddish e Kung, (2007)** relataram que a adição de uma mistura de enzimas secas às dietas de vacas em lactação não teve efeito sobre a produção ou composição do leite.

Elwakeel *et al.,* **(2007)** estudaram o impacto da adição de enzimas fibrolíticas às dietas das vacas na presença e ausência de levedura suplementar para determinar se as respostas às enzimas poderiam ser influenciadas pela suplementação com levedura. Os resultados indicaram que a produção de leite, a eficiência do leite e a produção de todos os componentes do leite não foram afectados pela adição de enzimas fibrolíticas ou de levedura.

Tabela (5) Efeitos das enzimas fibrolíticas na produção e composição do leite de búfala

Artigos	Controlo	R1	R2	± SE
Rendimento (kg/d)				
Leite	7.60	8.00	7.98	0.42
4% FCM	10.33	10.70	10.48	0.59
Sólidos totais	1.31	1.33	1.35	0.07
Gordura	0.49	0.50	0.49	0.03
Sólidos não gordos	0.83	0.83	0.86	0.04
Proteína total	0.29	0.30	0.31	0.02
Lactose	0.40	0.41	0.41	0.02
Cinzas	0.13	0.13	0.14	0.007

Composição do leite %

Sólidos totais	17.29	16.72	16.93	0.29
Gordura	6.40	6.25	6.09	0.28
SNF	10.89	10.47	10.84	0.09
Proteína total	3.85	3.77	3.94	0.38
Lactose	5.32	5.12	5.12	0.07
Cinzas	1.71	1.57	1.78	0.04

SE: Erro padrão

No presente estudo, o impacto da suplementação com enzimas fibrolíticas secas (Asperozym e Tomoko®) no desempenho de búfalas em lactação ligeira não foi significativo. Este facto pode estar relacionado com o estado dos animais em lactação, que variou com a fase de lactação, o que pode estar relacionado com as enzimas fibrolíticas adicionadas às rações. Esta ideia foi apoiada por alguns estudos. **Schingoethe *et al.*, (1999)** relataram que as vacas responderam a forragens tratadas com enzimas no início da lactação, mas as respostas não foram aparentes em lactações posteriores.

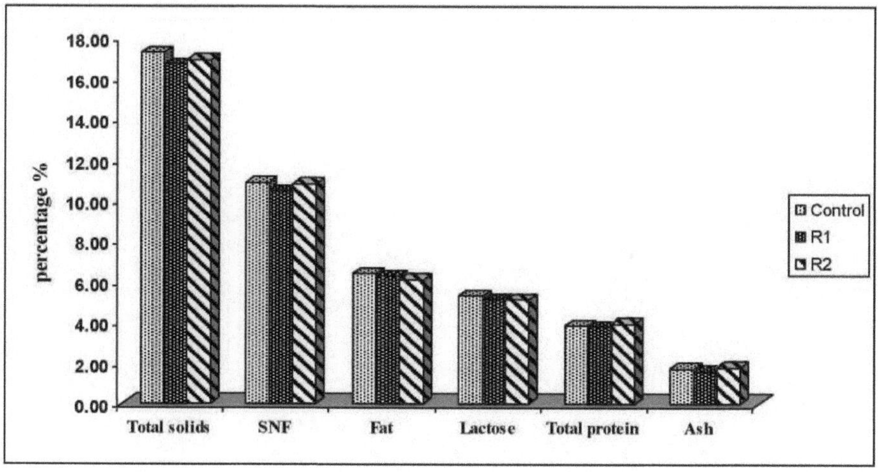

Fig. (17). Composição do leite de búfalas em lactação alimentadas com as diferentes rações

experimentais.

Zheng *et al.,* **(2000)** observaram que o efeito das enzimas fibrolíticas na produção de leite era mais pronunciado no início do período de lactação, quando as vacas estavam em balanço energético negativo, enquanto **Beauchemin et al., (2000)** observaram que a adição de enzimas fibrolíticas às rações de vacas que estavam em balanço energético positivo não tinha efeito sobre a produção de leite e sua composição.

Knowlton *et al.,* **(2002)** demonstraram que as respostas de produção à adição de enzimas fibrolíticas às dietas foram apenas em vacas que começaram o tratamento durante os primeiros 100 dias de lactação e a produção de leite não foi afetada em vacas tratadas a meio da lactação. À luz dos estudos mencionados, a resposta não pronunciada ao Asperozym e ao Tomoko® pode ser atribuída ao estado energético positivo das búfalas em lactação. Por outro lado, nós supomos que o aumento da quantidade de energia digestível devido à adição de Asperozym e Tomoko® a rações que não foram usadas para a produção de leite foram orientadas para a gordura do leite, proteína do leite e reservas corporais. Esta hipótese é apoiada pelo aumento numérico da variação do peso corporal das búfalas alimentadas com rações suplementadas com Asperozym e Tomoko® em comparação com as búfalas alimentadas com a ração de controlo (Quadro 3).

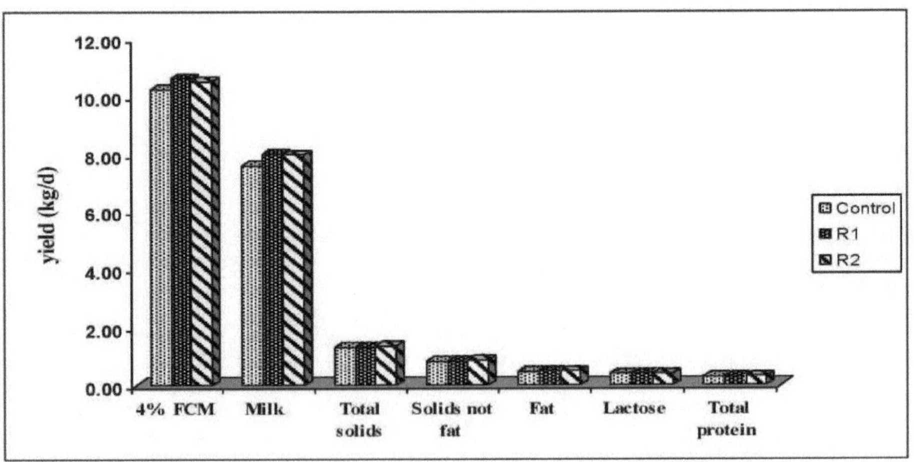

Fig. (18). Rendimento dos componentes do leite de búfalas em lactação alimentadas com as

3. Avaliação económica de rações experimentais

Os valores económicos das rações experimentais dadas a búfalas com lactação **ligeira foram calculados** e representados no Quadro 6. Os valores económicos expressos em rendimento líquido (L.E./h/63d) foram superiores para os búfalos alimentados com rações suplementadas com Asperozym e Tomoko® em comparação com os búfalos alimentados com a ração de controlo. O melhor rendimento líquido foi registado pelas búfalas alimentadas com a ração suplementada com Asperozima (R1), seguidas pelas búfalas alimentadas com a ração suplementada com Tomoko® (R2) e depois pelas búfalas alimentadas com a ração de controlo, sendo 647, 533 e 532,5 (L.E./h/63d), respetivamente. Estes resultados estão de acordo com os relatados por **Azzaz, (2009)** que descobriu que as dietas suplementadas com enzimas celulíticas são economicamente melhores do que a dieta de controlo e eficientes para a alimentação de cabras Zaraibi em lactação.

Quadro (6) Avaliação económica das rações experimentais

Item	Búfalos experimentais		
	Controlo	Ri	R2
Peso corporal inicial (kg)	621	619	622
Peso corporal final (kg)	628	626.6	629.6
Ganho de peso corporal (kg/h/63d)	7	7.6	7.6
Produção de leite (kg/h/63d)	479	504	503
***Produção de carne e leite (L.E./h/63d)**	2795.5	2947	2941
Consumo de matéria seca (kg/h/63d)			
CFM	575.91	574.05	576.65
Silagem de milho	580.98	579.11	581.72
Polpa de beterraba sacarina	187.57	186.96	187.81

Palha de arroz	123.01	122.62	123.17
Enzimas fibrolíticas (kg/h/63d)	0	2.96	2.97
*Alimentação (L.E./h/63d)	2263	2300	2408
Resultado líquido (L.E./h/63d)	532.5	647	533

* Com base nos preços de mercado no início da experiência, os preços eram os seguintes: CFM (90% MS), 2700; Silagem de milho (35% MS), 800; Polpa de beterraba sacarina (90% MS), 1100; Palha de arroz (90% MS), 300 (L.E. /ton); Preço do leite cru/kg, 5.50L.E.; Preço da carne/kg, 23 L.E.; Preço do Asperozym/kg, 15 L.E. e Preço do Tomoko®/kg, 48 L.E.

Rendimento líquido (L.E./h/63d) = Produção de carne e leite (L.E./h/63d) - Consumo de alimentos (L.E./h/63d)

Por fim, podemos concluir que, embora as enzimas fibrolíticas avaliadas (Asperozym e Tomoko®) tenham sido capazes de aumentar o IVDMD, o IVOMD da polpa de beterraba seca, a maior digestibilidade dos nutrientes das rações tratadas e aumentado os valores económicos das rações experimentais, as enzimas não afectaram significativamente o desempenho lactacional das búfalas leiteiras. É possível que o estádio de lactação das búfalas seja o fator que limita a sua eficácia no desempenho lactacional.

V. RESUMO E CONCLUSÕES

Este trabalho foi realizado na estação experimental agrícola, unidade de investigação de gado, Faculdade de Agricultura, Universidade do Cairo, Giza, Egipto. A produção de enzimas e as análises químicas e microbiológicas foram efectuadas nos laboratórios do Diary Department, National Research Center (NRC), Dokki, Giza, Egipto.

Este estudo foi efectuado para:

1- Produzir pectinase a partir de *A. niger* em condições óptimas e avaliar os efeitos da pectinase resultante na degradação da fibra de bananeira utilizando o microscópio eletrónico.

2- Avaliar o potencial de utilização de enzimas fibrolíticas produzidas em laboratório (Asperozym) para melhorar a digestibilidade da polpa de beterraba sacarina em comparação (*invitro*) com a fonte de enzimas fibrolíticas comerciais (Tomoko®).

3- Investigar o impacto da adição de Asperozym e Tomoko® às rações de búfalas em lactação média na digestibilidade dos nutrientes, nos parâmetros sanguíneos, na produção de leite e na sua composição.

Este estudo foi efectuado em duas fases:

1. A primeira fase [Ensaios laboratoriais]

1.1. Ensaios laboratoriais de produção de pectinase

1.1.1. Condições de cultura que afectam a produção de pectinase.

O Aspergillus niger foi cultivado como cultura em pé em frascos cónicos de 1000 ml, cada um contendo 100 ml de meio de polpa de beterraba em pó (BPPM) para estudar a produção de pectinase fúngica em condições variáveis de crescimento fúngico, incluindo o efeito da concentração da fonte de substrato (polpa de beterraba), do tamanho do inóculo, do período de incubação, do pH inicial e da fonte de azoto na taxa de atividade enzimática, para atingir as condições óptimas para a produção da enzima, como se indica a seguir:

1. A atividade máxima de pectinase por *A.niger* (P<0,05) alcançada (3,2 U/ml) foi obtida a 16% de concentração de polpa de beterraba, enquanto a atividade mínima de pectinase alcançada (2,82 U/ml) foi obtida a 4% de concentração de polpa de beterraba do meio BPP.

2. A produção de pectinase aumentou significativamente (P<0,05) com o aumento do tamanho do inóculo até 5% (3,89 U/ml). Um aumento adicional do tamanho do inóculo até 8% levou a uma diminuição da produção de pectinase.

3. A atividade de pectinase mais elevada (P<0,05) foi registada após 48h (3,95 U/ml) de incubação e diminuiu depois disso.

4. A produção de pectinase por *A.niger* em pH variável de BPPM mostrou valores mais altos (P<0,05) em pH 7,0 (4,02 U/ml), mais do que quando o nível de pH aumentou, a produção de enzima diminuiu.

5. Entre as 6 fontes de azoto orgânico e inorgânico testadas, o extrato de levedura foi considerado a melhor fonte de azoto, produzindo o nível mais elevado de atividade de pectinase (P<0,05) por *A.niger* (3,78 U/ml).

1. 2. Tratamento enzimático da fibra de bananeira

As fibras de bananeira, descascadas à mão e secas, foram tratadas com pectinase bruta obtida de *A.niger*. Foram tiradas micrografias electrónicas de varrimento para observar o impacto da enzima nas fibras. As fotografias mostram claramente que as células se separaram após o tratamento como resultado da hidrólise da pectina.

1.3. Desaparecimento *in vitro* da MS e da MO da polpa seca de beterraba sacarina

A matéria seca *in vitro* e o desaparecimento da matéria orgânica (IVDMD e IVOMD) foram determinados para a polpa de beterraba sacarina seca. A polpa de beterraba seca experimental foi suplementada separadamente com enzimas fibrolíticas produzidas em laboratório (Asperozym) e fonte de enzimas fibrolíticas comerciais (Tomoko®) em diferentes níveis (0, 1, 1,5 e 2 g /Kg DM).

O resultado deste estudo mostrou que:

1. Todos os níveis de Asperozym e Tomoko® aumentaram (P<0,05) o desaparecimento da MS e da MO da polpa seca de beterraba em comparação com a polpa seca de beterraba não tratada (Controlo), que apresentou os valores mais baixos de IVDMD e IVOMD.

2. O aumento dos níveis de suplementação de Asperozym e Tomoko® até 2 g/kg de MS deu os valores mais elevados de IVDMD e IVOMD da polpa de beterraba seca.

2. A segunda fase [Ensaios agrícolas]

Quinze búfalas em plena lactação foram distribuídas aleatoriamente, após 3 meses de parto, em três grupos de cinco animais, cada um com um desenho aleatório completo. O primeiro grupo foi alimentado com 45% de mistura de alimentos concentrados (CFM), 30% de silagem de milho, 15% de polpa de beterraba sacarina seca e 10% de palha de arroz (ração de controlo). O segundo grupo foi alimentado com ração de controlo suplementada com Asperozym a 2 g/kg de MS (R1), enquanto o terceiro grupo foi alimentado com ração de controlo suplementada com Tomoko® a 2 g/kg de MS. (R2). Os resultados obtidos nesta fase podem ser resumidos da seguinte forma:

2.3. Digestibilidade e valores nutritivos

1. As rações suplementadas com Asperozym (R1) e Tomoko® (R2) aumentaram significativamente (P<0,05) a digestibilidade da MS, OM, CF, NFE, NDF e ADF em comparação com a ração de controlo. Não foram detectadas diferenças significativas (P>0,05) na digestibilidade do PC e EE entre as búfalas tratadas e não tratadas com enzimas fibrolíticas.

2. A proteína bruta digestível (PCD) não foi afetada pelos tratamentos com enzimas fibrolíticas, enquanto os búfalos alimentados com rações tratadas com enzimas fibrolíticas apresentaram um TDN significativamente mais elevado (P<0,05) em comparação com os alimentados com a ração de controlo.

2.4. Parâmetros do plasma sanguíneo

As rações suplementadas com enzimas fibrolíticas não afectaram significativamente todos os parâmetros do plasma sanguíneo, incluindo as proteínas totais (g/dl), a albumina (g/dl), a globulina (g/dl), a relação albumina/globulina, a ureia (mg/dl), a AST (U/ml), a ALT (U/ml), a glicose (mg/dl) e os lípidos totais (mg/dl). Estes resultados indicam que os aditivos testados nas rações de búfalas em lactação não afectaram negativamente a atividade hepática ou a saúde geral do animal.

2.5. Produção de leite e sua composição

1. Não houve diferenças significativas (P>0,05) entre os grupos de controlo e tratados com enzimas fibrolíticas na composição do leite e nos rendimentos dos componentes do leite.

2. A adição de Asperozym à ração das búfalas em lactação aumentou a produção de leite em 5,3% e a produção de leite corrigida para 4% de gordura em 3,71%, enquanto que a adição de Tomoko® à ração das búfalas em lactação aumentou a produção de leite em 5% e a produção de leite corrigida para 4% de gordura em 2,64%, em comparação com a ração de controlo.

3. Avaliação económica de rações experimentais

Os valores económicos expressos em rendimento líquido (L.E./h/63d) foram superiores para os búfalos alimentados com rações suplementadas com Asperozym e Tomoko® em comparação com os búfalos alimentados com a ração de controlo. O melhor rendimento líquido (L.E./h/63d) foi registado pelos búfalos alimentados com a ração suplementada com Asperozima (R1), seguido pelos búfalos alimentados com a ração suplementada com Tomoko® (R2) e depois pelos búfalos alimentados com a ração de controlo, sendo 573, 457,5 e 440,5, respetivamente.

Conclusão

Embora as enzimas fibrolíticas (Asperozym e Tomoko®) que avaliámos tenham sido capazes de aumentar o IVDMD, o IVOMD da polpa de beterraba seca e a maior parte da digestibilidade dos nutrientes das rações tratadas e tenham aumentado os valores económicos das rações experimentais, as enzimas não afectaram significativamente o desempenho lactacional das búfalas leiteiras. É possível que o estádio de lactação das búfalas seja o fator que limita a sua eficácia no desempenho lactacional.

VI. REFERÊNCIAS

A.O.A.C. (1995). Métodos Oficiais de Análise da AOAC International. 16ª Edn. Vol. 1, "Agricultural, Chemicals, Contaminants, Drugs". Washington, D.C., EUA.

Abdel-Gawad, H. M, Sawsan, M. Gad, Eman, H. El Sabaawy, Ali, H. M. e Bedawy, T. M. (2007). Digestabilidade in *vitro* e *in vivo* de algumas forragens grosseiras de baixa qualidade suplementadas com enzimas fibrolíticas para ovinos. Egyptian J. Nutrition and Feeds, 10 (2) (Edição Especial) 663-677.

Acuna-Arguelles, M.E , Guti_errez-Rojas, M. , Viniegra-Gonz_alez, G. e Favela-Torres, E. (1995). Produção e propriedades de três actividades pectinolíticas produzidas por *A. niger* em fermentações submersas e em estado sólido. Microbiologia Aplicada e Biotecnologia 43, 808-814.

Aguilar, G. e Huitron, C. (1987). Estimulação da produção de actividades pectinolíticas extracelulares de *Aspergillus sp.* por ácido galacturónico e glucose. Enzyme Microbiology and Technique. 9: 690-696.

Aguilar, G, Trejo, B, Garcia, J e Huitron, G. (1991). Influência do pH na produção de endo e exo- pectinase por *Aspergillus* espécie CH-Y-1043. *Can. J. Microbiol*, 37, 912-917,

Al- Jobeile e Shaver, R. (2000). Effect of soy hulls and Fibrozyme on intake, digestion, and milk production by dairy cows fed high corn silage diets. J. Dairy Sci., 83 (Suppl. 1):292.

Ali, M. F, Mohsen, M.K, Bassiouni, M.I. e Khalafaila, M.E. (2000). A influência da utilização de polpa de beterraba sacarina seca no desempenho dos ovinos. Agric. Res. Tanta univ., 26:132.

Annison, G. (1997). O uso de enzimas em dietas de ruminantes. In: "Biotechnology in the Feed Industry", Actas do 13º Simpósio Anual. (Eds. Lyons, T. P e Jacques, K. A) Nottingham University Press, Nottingham, Leics.UK, pp. 115-155.

Armstrong, W.D. e Carr, C.W. (1964). Physiological Chemistry, 3re Edn. Laboratory Directions Bures Publishing Co. Minneapolis, Minnesota, EUA.

Azzaz, H.H. (2009). Efeito da adição de enzimas celulíticas às dietas sobre o desempenho produtivo de cabras em lactação. Ms.c. Tese, Fac. Agric., Cairo Univ., Egipto, 141 p.

Azzaz, H.H, Murad, H.A, Kholif, A.M, Hanafy, M.A e Abdel Gawad, M.H. (2012a). Otimização das condições de cultura que afectam a produção de celulase fúngica. . Jornal de Investigação de Microbiologia. 7(1):23-31.

Azzaz, H.H, Murad, H.A, Kholif, A.M, Hanafy, M.A e Abdel Gawad, M.H. (2012b). Utilização de enzimas celulolíticas para melhorar o valor nutritivo dos resíduos de banana e o desempenho de cabras em lactação. Asian Journal of Animal and Veterinary Advances. 7(8):664-673.

Ballard, C. S, Carter, M. P, Contach, K. W, Sniffen, C. J, Sato, T.K, Uchida, A. Teo, Nhan, U. D e Meng, T. H. (2003). Alimentação com enzimas fibrolíticas para melhorar a digestão de MS e nutrientes e a produção de leite por vacas leiteiras. J. Dairy Sci. 86(Suppl. 1):150. (Abstr.)

Beauchemin, K.A e Rode, L.M. (1996). Utilização de enzimas alimentares na nutrição de ruminantes. In:" Animal Science Research and Development, Meeting Future Challenges". (Ed. Rode, L. M.), Ministério do Abastecimento e dos Serviços do Canadá, Ottawa, ON, pp.103-130.

Beauchemin, K.A., Rode, L.M. e Sewalt, V. J. (1995). As enzimas fibrolíticas aumentam a digestibilidade da fibra e a taxa de crescimento de novilhos alimentados com forragens secas. Can. J. Anim. Sci., 75:641.

Beauchemin, K. A., Yang, W. Z. e Rode, L. M. (1999). Effect of grain source and enzyme additive on site and extent of nutrients digestion in dairy cows. J. Dairy Sci., 82:378-390.

Beauchemin, K. A., Jones, S.D.M., Rode, L. M. e Sewalt, V.J.H. (1997). Effects of fibrolytic enzymes in corn or barley diets on performance and carcass characteristics of feedlot cattle. Can. J. Anim. Sci., 77:645 -653.

Beauchemin, K. A., Rode, L.M., Maekawa, M., Morgavi, D.P. e Kampen, R.

(2000). Evaluation of a non-starch polysaccharidase feed enzyme in dairy cow diets. J. Dairy. Sci., 83: 543.

Beauchemin, K.A., Morgavi, D.P., McAllister, T.A., Yang, W.Z. e Rode, L.M. (2001). O uso de enzimas em dietas de ruminantes. In: Garnsworthy, P.C., Wiseman, J. (Eds.), Recent Advances in Animal Nutrition. Nottingham University Press, Loughborough, Inglaterra, pp. 297-322.

Beauchemin, K. A., Colombatto, D., Morgavi, D. P. e Yang, W. Z. (2003). Use of exogenous fibrolytic enzymes to improve feed utilization by ruminants. J. Anim. Sci., 81 (Suppl. 2): 37-47

Bhattacharya, A.N e Seleiman, W.T. (1971). Polpa de beterraba como substituto de cereais para vacas leiteiras e ovelhas. J. Dairy Sci. 54-89.

Blanco, P., Sieiro, C. e Villa, T.G. (1999). Produção de enzimas pécticas em leveduras. FEMS Microbiology Letters 175, 1-9.

Bowman, G. R., Beauchemin, K. A. e Shelford, J. A. (2002). A proporção da ração à qual são adicionadas enzimas fibrolíticas afecta a digestão de nutrientes por vacas leiteiras em lactação. J. Dairy Sci., 85:3420.

Broderick, G.A., Derosa, R. e Reynal, S. (1997). Value of Treating Alfalfa Silage with Fibrolytic Enzymes Prior to Feeding the Silage to Lactating Dairy Cows, US Dairy Forage Research Center, 74p.

Buga, M. L., Ibrahim, S. e Nok, A. J. (2010). Poligalacturonase parcialmente purificada de *Aspergillus niger* (SA6). Jornal Africano de Biotecnologia. 9 (52):8944-8954

Cao, J., Zheng, L. e Chen, S. (1992). Seleção de produtores de pectinase a partir de bactérias alcalofílicas e estudo da sua potencial aplicação na degomagem de rami". Enzyme and Microbial Technology 14, 1013- 1016.

Castilho, L.R., Ricardo, A.M e Tito, L.M.A. (2000). Produção e extração de pectinases obtidas por fermentação em estado sólido de resíduos agroindustriais com *Aspergillus niger*. Bioresource Technology 71: 45-50

Castle, M.E. (1972). Um estudo comparativo do valor alimentar da polpa de beterraba seca para a produção de leite. J. Agric. Sci, camb, 78: 371.

Chen, K. H., Huber, J. T., Simas, J., Theurer, C. B., Yu, P., Chan, S. C., Santos, F., Wu, Z. e Swingle, R. S. (1995). Effect of enzyme treatment or steamflaking of sorghum grain on lactation and digestion in dairy cows. J. Dairy Sci. 78:1721-1727.

Colombatto, D. e Beauchemin, K. A. (2003). Uma proposta de metodologia para padronizar a determinação de atividades enzimáticas presentes em aditivos enzimáticos utilizados em dietas de ruminantes. Can. J. Anim. Sci., 83:559-568.

Colombatto, D., Mould, F.L., Bhat, M.K. e Owen, E. (2006). Influência do nível de enzimas fibrolíticas exógenas e do pH de incubação na fermentação ruminal *in vitro* de caules de alfafa. Anim. Feed Sci. Technol., 137: 150.

Colombatto, D., Mould, F. L., Bhat, M. K., Phipps, R. H. e Owen, E. (2004). Avaliação *in vitro* de enzimas fibrolíticas como aditivos para silagem de milho (Zea mays L.). III: Comparação de enzimas derivadas de fontes psicrófilas, mesófilas ou termofílicas. Anim. Feed Sci. Technol., 111:145.

Colombatto, D., Mould, F.L., Bhat, M.K., Morgavi, D.P., Beauchemin, K.A. e Owen, E. (2003). Influence of fibrolytic enzymes on the hydrolysis and fermentation of pure cellulose and xylan by mixed ruminal microorganisms *in vitro*. J. Anim. Sci., 81:1040-1050.

Coughlan, M. P., Mehra, R. K., Considine, P. J., O'Rorke, A. e Puls, J. (1985). Saccharification of agricultural residues by combined cellulolytic and pectinolytic enzyme systems *Biotechnol. Bioengng Symp.*, 15, 447-458.

Crawshaw, R. (1990). O valor real da polpa de beterraba sacarina. British sugar beet review. 58:3-42.

David, J. S, Gene, A. S. e Royce, J. T. (1999). Response of lactating dairy cows to a cellulase and xylanase enzyme mixture applied to forages at the time of feeding. J. Dairy Sci., 82:996-1003

Dawson, K. A. e Tricarico, J. M. (1999). A utilização de enzimas fibrolíticas exógenas para melhorar as actividades microbianas no rúmen e o desempenho dos ruminantes. In: "Biotechnology in the Feed Industry". (Eds. Lyons, T. P. e Jacques, K. A.). Proc. 15th Annu. Symp. Imprensa da Universidade de Nottingham. Loughborough, Leics, Reino Unido, pp. 303-312.

Dean, D. B, Adesogan, A.T., Krueger, N.A. e Littell, R.C. (2008). Efeitos do tratamento com amoníaco ou enzimas fibrolíticas na composição química e na degradabilidade ruminal de fenos produzidos a partir de gramíneas tropicais. Anim. Feed Sci., 145: 68-83

Debing, J., Peizun, L., Stagnitti, F., Xianzhe, X. e Li, L. (2005). Produção de pectinase por fermentação sólida a partir de *Aspergillus niger* através de uma nova experiência de prescrição. Ectoxicologia e Ambiente. 64: 244-250.

Dhiman, T. R., Zaman, M. S., Gimenez, R. R., Walters, J. L. e Treacher, R. (2002). Desempenho de vacas leiteiras alimentadas com forragem tratada com enzimas fibrolíticas antes da alimentação. Anim. Feed Sci. Technol., 101:115-125

Di-Lena e Quagliam, G.B. (1992). Sacarificação e enriquecimento proteico da polpa de beterraba sacarina por *Pleurotus florida*. Biotecnol.Techniques. 6. 571-574.

Dong, Y., Bae, H. D., McAllister, T.A., Mathison, G.W. e Cheng, K.J. (1999). Efeitos de enzimas fibrolíticas exógenas, α-bromoetanossulfonato e monensina na fermentação num sistema de simulação ruminal (RUSITEC). Can. J. Anim.Sci., 79:491

Doumas, B., Wabson, W. e Biggs, H. (1971). Padrões de albumina e medição do soro com verde de bromocresol. Clin. Chem. Ata, 31: 87.

Duncan, D.B. (1955). Multiple range and multiple F tests. Biometria. 11:1

El- Badawi, A.Y. (1999). Sugar beet pulp as a feedstuff for ruminants (Polpa de beterraba sacarina como alimento para ruminantes). Relatório técnico final, Centro Nacional de Investigação, Cairo, Egipto.

El- Badawi, A.Y, Yacout, M.H.M. e Kamel, H.E.M. (2003). Efeito da substituição de milho por polpa de beterraba sacarina na cinética de degradação ruminal e na eficiência de utilização de kations por ovelhas em crescimento e no valor nutritivo.

Egyptian Journal of Nutrition and Feed.6 (Edição especial): 1349-1363.

El-Badawi, M., Yacout, H.M., Kamel, H.E.M., Abdel-Aziz, A.A e Ghanem, G.H.A. (2001). Avaliação nutricional de misturas de concentrados contendo polpa de beterraba sacarina na dieta de gado leiteiro. Egyptian J. Nutrition and Feeds. 4 (Edição especial); 511.

El Sabaawy, E.H. (2008) Effect of Enzyme Treatments on Feeding Quality of Roughage Based Diets by Ruminants. Ms.c Tese, Fac. Agric., Universidade do Cairo, Egipto, 86p.

Ellaiah, P.K., Adinarayana, Y., Bhavani, P., Padmaja, B. e Srinivasulu, S. (2002). Otimização dos parâmetros do processo de produção de glucoamilase em fermentação em estado sólido por uma espécie de Aspergillus recentemente isolada. Process Biochem. 38, 615-620.

Elwakeel, E. A, Titgemeyer, E.C., Johnson, B.J., Armendariz, C. K. e Shirley, J. E. (2007). Enzimas fibrolíticas para aumentar o valor nutritivo dos alimentos para animais leiteiros. J. Dairy Sci., 90:5226-5236.

Eun, J.S., Beauchemin, K.A, Hongb, S.H e Bauer, M.W. (2006). Enzimas exógenas adicionadas à palha de arroz não tratada ou amoniada: Efeitos nas características de fermentação *in vitro* e na degradabilidade. Anim. Feed Sci. Technol., 131:86-101.

Fadel, J.G. (1999). Análises quantitativas de subprodutos vegetais seleccionados para alimentação animal, uma perspetiva global. Anim. Feed Sci. Technol. 79, 255-268.

Fawcett, J.K e Soctt, J.E. (1960). Investigação espectrofotométrica e cinética da reação de Berthelot para a determinação de amoníaco. J. Clin. Path., 13: 156-159.

Fawole, O.B. e Odunfa, S.A. (2003). Alguns factores que afectam a produção de enzimas pécticas por *Aspergillus niger.* International Biodeterioration & Biodegradation 52;223 - 227

Feng, P., Hunt, C.W., Pritchard, G.T e Julien, W.E. (1996). Effect of enzyme preparations on in *situ* and *in vitro* degradation and *in vivo* digestive characteristics of mature cool-season grass forage in beef steers. J. Anim. Sci., 74:1349-1357.

Ferret, A., Plaixats, J., Caja, G., Gasa, J e Prió, P. (1999). Utilização de marcadores para estimar a digestibilidade aparente da matéria seca, a produção fecal e a ingestão de matéria seca em ovelhas leiteiras alimentadas com feno de azevém italiano ou feno de alfafa, Small Rumin. Res. 33: 145-152.

Folakemi, O.P., Priscilla, J.O e Ibiyemi, S.A. (2008). Produção de celulase por alguns fungos cultivados em resíduos de ananás. Nature & Science. J., 6:64-79

Fondevila M. e P'erez-Esp'es, B. (2008). Um novo sistema in vitro para estudar o efeito da rotação da fase líquida e do pH na fermentação microbiana de dietas concentradas para ruminantes. Anim. Feed Sci. Technol. 144: 196-211

Fontes, C. M. G, Hall, A. J., Hirst, B. H., Hazelwood, G. P e Gilbert, H. J. (1995). A resistência das celulases e xilanases à inativação proteolítica. Appl. Microbiol. Biotechnol. 43:52-57.

Gado, H. M., Metwally, H. M., EL-Basiony, A. Z., Soliman, H. S e Etab R. I. Abd El Galil. (2007). Efeito de tratamentos biológicos na digestibilidade do bagaço de cana-de-açúcar e no desempenho de cabras baldi. Egyptian J. Nutrition and Feeds, 10 (Edição Especial.2): 535-551

Gado, H.M., Salem, A.Z.M., Robinson, P.H e Hassan, M.(2009). Influência de enzimas exógenas na digestibilidade dos nutrientes, na extensão da fermentação ruminal, bem como na produção e composição do leite em vacas leiteiras. Anim. Feed Sci. Technol. 154: 36-46.

Gaines W. L. (1928). A base energética da medição da energia do leite em vacas leiteiras. Univ. Illinois Agric.

Galiotou-Panayotou, M.P.R. e Kapantai, M. (1993). Aumento da produção de poligalacturonase por *Aspergillus niger* NRRL-364 cultivado em pectina cítrica suplementada. Lett. Appl. Microbiol. 17:145-148.

Ghildyal, N.P., Ramakrishna, S.V., Nirmala, P., Devi, B.K e Asthana, H.A. (1981). Produção em grande escala de enzima pectolítica por fermentação em estado sólido. Journal of Food, Science and Technology 18: 243-251.

Giraldo, L.A., Tejido, M.L., Ranilla, M.J e Carro, M.D. (2007). Efeitos de enzimas fibrolíticas exógenas na fermentação ruminal *in vitro* de substratos com diferentes proporções de forragem: concentrado. Anim. Feed Sci. Technol. 141: 306325

Godfrey, T e West, S. (1996). Industrial Enzymology, 2a ed. Londres: Macmillan Press

Grajek, W. (1988). Produção de proteínas por fungos termofílicos a partir de polpa de beterraba sacarina em fermentação em estado sólido. Biotech. Bioeng, 32,255-260.

Grohmann, K e Bothast, R.J. (1994) Pectin-rich residues generated by processing of citrus fruits, apples and sugar beets: enzymatic hydrolysis and biological conversion to value added products. In Enzymatic Conversion of Biomass for Fuel Production. Himmel ME & Baker JO (Eds). ACS Symp. Ser. No. 566. American Chemical Society, Washington, DC, 372-390.

Gummadi, S. N e Kumar, D.S. (2005). Microbial pectic transeliminases. Biotechnology Letters, 27: 451- 458.

Hang, Y.D e Woodanms, E.E. (1994). Produção de poligalacturonase fúngica a partir de bagaço de maçã. Lebensm. Wiss. U. Technol. 27, 194-196.

Harman, G.E e Kubicek, C.P. (1998). *Trichoderma* e *Gliocladium*: Enzimas, controlo biológico e aplicações comerciais, Vol. 2. Londres: Taylor & Francis Ltd, p. 393.

Helal, F.I.S., Abou-Ward, G., Tawila, M.A e Sawsan, M. Gad (1998). Nutrição da polpa de beterraba sacarina em rações de ovelhas Ossimi adultas. J. Agric. Sci. Mansoura Univ., 23 (4): 1451- 1463.

Henrissat, B. (1994). As celulases e a sua interação com a celulose. Cellulose, 1:169-96.

Hours, R.A., Voget, C.E e Ertola, R.J. (1988). Alguns factores que afectam a produção de pectinase a partir de bagaço de maçã em culturas em estado sólido. Biol. Wastes. 24: 147157.

Howes, D., Tricarico J. M., Dawson, K. A. e Karnezos, P. (1998). Biotechnology in The Feed Industry, (Eds. Lyons, T.P. e Jacques, K.A.) . Actas do 14º Simpósio Anual Nottingham University Press, Nottingham, UK, 393 p.

Hristov, A. N., McAllister, T. A. e Cheng, K. J. (1998). Effect of dietary or abomasal supplementation of exogenous polysaccharide-degrading enzymes on rumen fermentation and nutrient digestibility. J. Anim Sci., 76:3146-3156.

Hristov, A. N., McAllister T. A e Cheng, K. J. (2000). Intra ruminal supplementation with increasing levels of exogenous polysaccharide-degrading enzymes: Efeitos na digestão de nutrientes em bovinos alimentados com uma dieta de grão de cevada. J. Anim. Sci., 78:477-487.

Hristov, A.N., Rode L.M., Beauchemin, K.A. e Werfel, R.L. (1996). Efeito de uma preparação enzimática comercial na degradabilidade da matéria seca da silagem de cevada in vitro e in Sacco. Proc. West. Sect. Am. Soc. Anim. Sci. 47, 282-284.

Hristov, A.N., Basel, C.E., Melgar, A., Foley, A.E., Ropp, J.K., Hunt, C.W. e Tricarico, J.M. (2008). Effect of exogenous polysaccharide degrading enzyme preparations on ruminal fermentation and digestibility of nutrients in dairy cows. Anim. Feed Sci. Technol. 145, 182-193.

Huang, L.K e Mahoney, R.R. (1999). Purificação e caraterização de uma endo-poligalacturonase de Verticillum alboatrum. Journal of Applied Microbiology 86, 145-146.

IBM Corp. Lançado (2011). IBM SPSS Statistics for Windows, Versão 20.0. Armonk, NY: IBM Corp.

Immanuel, G., Dhanusa, R., Prema, P. e Palavesam, A. (2006). Efeito de diferentes parâmetros de crescimento na atividade enzimática da endoglucanase por bactérias isoladas de efluentes de reciclagem de fibra de coco em ambiente estuarino. Int. J. Environ. Sci. Tech., 3 (1): 25-34.

Jacob, N., Niladevi, K.N. Anisha, G.S. e Prema, P. (2008). Hidrólise da pectina: Uma abordagem enzimática e sua aplicação no processamento de fibras de banana.

Microbiological Research, 163: 538-544.

Judkins, M.B. e Stobart, R.H. (1988). Influência de dois níveis de preparação enzimática sobre a fermentação ruminal, a passagem de partículas e fluidos e a digestão da parede celular em cabras que consomem uma dieta de 10% ou 25% de cereais. J. Anim. Sci., 66:1101.

Kalogeris, E., Christakopoulos, P., Katapodis, P., Alexiou, A., Vlachou, S., Kekos, D e Macris, B.J. (2003). Produção e caraterização de enzimas celulolíticas a partir do fungo *termofílico Thermoascus aurantiacus* em cultura em estado sólido de resíduos agrícolas. Process Biochem. 38, 1099-1104.

Kashyap, D.R., Soni, S.K. e Tewari, R. (2003). Produção melhorada de pectinase por *Bacillus* sp. DT7 usando fermentação em estado sólido. Bioresou. Technol., 88: 251-254.

Kelly, P. (1983). Polpa de beterraba sacarina. A review. Anim. Feed Sci. and technol., 8:1.

Kholif, S.M. (2006). Efeito da melhoria do valor nutricional das forragens grosseiras de má qualidade no rendimento e na composição do leite de cabra. Egyptian J. Dairy Sci., 34:197205.

Kholif, S.M., Gado, H., Morsy, T. A., El-Bordeny, N. e Abedo, A.A. (2012). Influência de enzimas exógenas na digestibilidade dos nutrientes, na composição sanguínea, na produção de leite e na sua composição, bem como no perfil dos ácidos gordos do leite em búfalas leiteiras. Egyptian J. Nutrition and Feeds, 15 (1): 13-22.

Knowles, J., Lethtovaara, P. e Reeri, T.T. (1987). Cellulase families and their genes. Trends Biotechnol, 5:255-61.

Knowlton, K. F., McKinney, J. M. e Cobb, C. (2002). Effect of a direct-fed fibrolytic enzyme formulation on nutrient intake, partitioning, and excretion in early and late lactation Holstein cows. J. Dairy Sci., 85:3328.

Knowlton, K. F, Taylor, M. S., Hill, S., Cobb, R. C. e Wilson, K. F. (2007). Excreção de nutrientes do estrume por vacas em lactação alimentadas com fitase e celulase exógenas. J. Dairy Sci., 90:4356-4360.

Krause, M., Beauchemin, K. A., Rode, L. M., Farr, B. I. e Norgaard, P. (1998). Fibrolytic enzyme treatment of barley grain and source of forage in high-grain diets fed to growing cattle. J. Anim. Sci., 76: 2912.

Krishna, C., e Chandrasekaran, M. (1996). Resíduos de banana como substrato para a produção de aamilase por Bacillus subtilis (CBTK 106) em fermentação em estado sólido. Appl. Microbiol. Biotechnol. 46, 106-111.

Krueger, N.A. e Adesogan, A.T. (2008). Efeito de diferentes misturas de enzimas fibrolíticas na digestão e fermentação do feno de capim-braquiária. Anim. Feed Sci. Technol., 145: 84-94.

Krueger, N.A., Adesogan, A.T., Staples, C.R., Krueger, W.K., Kim, S.C., Littell, R.C e Sollenberger, L.E. (2008). Effect of method of applying fibrolytic enzymes or ammonia to Bermuda grass hay on feed intake, digestion, and growth of beef steers. J. Anim. Sci. 86, 882-889.

Kung, Jr. L. e Muck, R. E. (1997). Animal Response to Silage Additives, Proc. da Conferência Norte-Americana Silage: Field to Feed bunk North American Conference. NRAES - 99, 200 p.

Kung, Jr. L., Cohen, M. A., Rode, L. M e Treacher, R. J. (2002). The effect of fibrolytic enzymes sprayed onto forages and fed in a total mixed ratio to lactating dairy cows. J. Dairy Sci., 85:2396-2402

Kung, Jr. L., Treacher R.J., Nauman, G.A., Smagala, A.M., Endres, K.M e Cohen, M.A. (2000). The effect of treating forages with fibrolytic enzymes on its nutritive value and lactation performance of dairy cows. J. Dairy Sci., 83:115-122.

Lane, A.G. (1984). Digestão anaeróbia à escala laboratorial de resíduos sólidos de frutos e legumes. Biomassa 5: 245-259.

Leda, R.C., Ricardo, A.M. e Tito, L.M. (2000). Produção e extração de pectinases obtidas por fermentação em estado sólido de resíduos agroindustriais com *Aspergillus niger*. Bioresource Technology. 71: 45-50

Lewis, G. E., Hunt C. W., Sanchez, W. K., Treacher, R., Pritchard, G. e Feng, P. (1996). Effect of direct-fed fibrolytic enzymes on the digestive characteristics of a forage-based diet fed to beef steers. J. Anim. Sci., 74:30203028.

Lewis, G. E., Sanchez, W. K., Hunt, C. W., Guy, M. A., Pritchard G. T., Swanson, B. I. e Treacher, R. J. (1999). Effect of direct-fed fibrolytic enzymes on the lactational performance of dairy cows. J. Dairy Sci 82:611-617

Lonsane, B.K., Ghildyal, N.P., Budiatman, S e Ramakrishna, S.V. (1985). Aspectos de engenharia da fermentação em estado sólido. Enzyme Microbiol. Technol. 7, 258-265.

Luchini, N. D., Broderick, G. A., Hefner, D. L., Derosa, R., Reynal, S., e Treacher, R. (1997). Resposta da produção ao tratamento da forragem com enzimas fibrolíticas antes da alimentação de vacas em lactação. J. Dairy Sci. 80 :(Suppl.1):262 (Abstr.).

Lynd, L.R., Weimer, P.J., van Zyl, W.H. e Pretorius, I.S. (2002). Utilização de celulose microbiana: fundamentos e biotecnologia. Microbiol. Mol Biol. Rev., 66:506-77

Maareck, Y.A. (1997). Efeito da alimentação de alguns subprodutos no desempenho de búfalos leiteiros. Tese de doutoramento em nutrição animal, Faculdade de Agricultura, Universidade de Ain-Shams, Shoubra-El-Khema, Cairo, Egipto.

Mamma, D., Kourtoglou, E e Christakopoulos, P. (2008). Produção de multienzimas fúngicas em subprodutos industriais da indústria de transformação de citrinos. Bioresource Technology 99, 2373-2383

Mandebw, P. e Galpraith, H. (1999). Efeito da suplementação com bicarbonato de sódio e da variação na proporção de cevada e polpa de beterraba sacarina no desempenho do crescimento e nas características do rúmen, do sangue e da carcaça de cordeiros machos jovens e inteiros. Anim. Feed Sci. and Technol., 82:37.

Mandels, M., Hontz, L. e Nystrom, J. (1974). Hidrólise enzimática de resíduos de celulose. Biotech. Bioeng. 16:1471

Mangelli, P. e Forchiassin, F. (1999). Regulação da produção do complexo de celulase por *Saccobolus saccaboloides*, indução e repressão por hidratos de carbono. Mycologia, 91(2): 359 - 364.

Mansfield, H.R., Sterm, M.D. e Otterby, D.E. (1994). Effects of beet pulp and animal by- products on milk yield and invitro fermentation by rumen microorganisms. J. dairy sci., 77:205.

Mantyla, A, Paloheimo, M e Suominen, P. (1998). Mutantes industriais e estirpes recombinantes de *Trichoderma reesei*. In: Harman GF, Kubicek CP, editores. *Trichoderma & Gliocladium-Enzymes*, biological control and commercial applications, Vol. 2. London: Taylor & Francis, pp. 291-309.

Martins, E.S., Silva, D., Da Silva, R e Gomes, E. (2002). Produção em estado sólido de pectinases termoestáveis a partir do *termofílico Thermoascus aurantiacus*. Process Biochem. 37, 949-954.

Maxine, M. B. (1984). Outline of Veterinary Clinical Pathology (Esboço de Patologia Clínica Veterinária). Imprensa da Universidade Estadual de Iowa. Anim. Iowa, EUA, 321p.

McAllister, T.A., Hristov, A.N., Beauchemin, K.A., Rode, L.M. e Cheng, K.J. (2001). Enzimas em dietas de ruminantes. In: "Enzymes in Farm Animal Nutrition". (Eds. Bedford, M. R. e Partridge, G. G.). CABI Publishing, Finn feeds Marlborough Wiltshire, Reino Unido, pp. 273-298

Michel, F., Thibault, J.F., Mrecire, C., Heitz, F. e Pouileande, F. (1985). Extração e caraterização de pectinas da polpa de beterraba sacarina. J. food. Sci. 50:1499.

Miller, G.L. (1972). Utilização do reagente de ácido dinitrosalicílico para a determinação de açúcares redutores. Biotechnol. Bioeng, Symp. 5: 193 - 219.

Relatório do Ministério da Agricultura e da Recuperação de Terras. (2011). Economia agrícola. Bull., Centro do Departamento de Agricultura, Economia, Cairo, Egipto.

Mohamed, A.E. (1998). Alimentação de ruminantes com subprodutos agrícolas tratados para aumentar o seu valor nutritivo. Tese de Mestrado, Fac. of Agric. Univ.

do Cairo.

Mohamed, A.M., El-Saidy, B.E., Ibrahim, K., Tejido, M.L. e Carro, M.D. (2005). Efeito de enzimas exógenas na fermentação ruminal *in vitro* de uma dieta rica em forragem e na resposta produtiva de ovelhas em lactação. Egyptian J. Nutrition and feeds, 8 (Edição Especial): 591-602

Molotilin, Y. I. (1999). Fibras de beterraba no fabrico de produtos de valor. Sakhar. Não.

5-6 abst. 25-26.

Morgavi, D. P., Beauchemin, K. A., Nsereko, V. L., Rode, L. M., McAllister, T. A., Iwaasa, A. D., Wang, Y. e Yang, W. Z. (2001). Resistance of feed enzymes to proteolytic inactivation by rumen microorganisms and gastrointestinal proteases. J. Anim Sci., 79:1621-1630.

Morgavi, D.P., Beauchemin, K.A., Nsereko, V., Rode, L.M., Iwaasa, A.D., Yang, W.Z., McAllister, T.A e Wang, Y. (2000). Sinergia entre as enzimas fibrolíticas ruminais e as enzimas de Trichoderma longibrachiatum. J. Dairy Sci., 83:1310-1321.

Murad, H.A. (1998). Utilização de permeado de ultrafiltração para produção de B. galactosidase de *lactobacillus bulgaricus*. Milchwissenschaft. 53: 273-276

Murad, H.A e Foda, M.S. (1992). Produção de poligalacturonase de levedura em resíduos de leite. Bioresource Technology. 41: 247-250.

Murad, H. A. e Salem, M.M. (2001). Utilização do permeado Uf para a produção de exo-polissacáridos a partir de bactérias do ácido lático. J. Agric. Mansoura Univ. 26: 2165-2173

Murad, H.A. e Azzaz, H.H. (2010). Celulase e alimentação de animais leiteiros. Biotecnologia, 9 (3):238-256.

Murad, H.A. e Azzaz, H.H. (2011). Pectinases microbianas e nutrição de ruminantes. Revista de investigação em microbiologia. 6 (3):246-269.

Muwalla, M.M., Haddad, S.G. e Hijazeen, M.A. (2007). Efeito da inclusão de enzimas fibrolíticas em dietas de engorda com elevado teor de concentrado na digestibilidade dos nutrientes e no desempenho do crescimento de cordeiros Awassi. Livestock Science, 111:255.

Nadeau, E. M., Russell, J. R. e Buxton, D. R. (2000). Intake, digestibility, and composition of orchardgrass and alfalfa silages treated with cellulase, inoculant, and formic acid fed to lambs. J. Anim. Sci., 78: 2980.

Naidu, G.S.N. e Pandam, T. (1998). Produção de enzimas pectolíticas - uma revisão. Process Eng. 19, 355-361.

Newbold, J. (1997). Mecanismos propostos para as enzimas como modificadores da fermentação ruminal. In: "Actas do 8º Simpósio Anual de Nutrição de Ruminantes da Florida", Gainesville, Florida, EUA, pp.146-159.

Nolan, J.V. (1976). Em Digestion and Metabolism in the Ruminant, p. 416. Eds. I.W. McDonald e A.C.I. Warner. Armidale; The University of New England Publishing Unit.

NRC, (1985). Nutrient requirement of domestic animals. Nutrient requirement of sheep 5th Ed. Academia Nacional de Ciências - Conselho Nacional de Investigação, Washington D.C., EUA.

Nsereko, V.L., Beauchemin, K.A., Morgavi, D.P., Rode, L.M., Furtado, A.F., McAllister, T.A., Iwaasa, A.D., Yang, W.Z. e Wang, Y. (2002). Effect of a fibrolytic enzyme preparation from *Trichoderma longibrachiatum* on the rumen microbial population of dairy cows. Can. J. Microbiol. 48, 14-20.

Nsereko, V.L., Morgavi, D.P., Rode, L.M., Beauchemin, K.A. e McAllister, T.A. (2000). Effects of fungal enzyme preparations on hydrolysis and subsequent degradation of alfalfa hay fiber by mixed rumen microorganisms in vitro. Anim. Feed Sci. Technol., 88: 153-170.

Nussio, L. G., Huber, J. T., Theurer, C. B., Nussio, C. B., Santos, J., Tarazon, M., Lima-Filho, R. O., Riggs, B., Lamoreaux, M. e Treacher, R. J. (1997). Influência de um complexo de celulase/xilanase no desempenho lactacional de vacas leiteiras alimentadas com dietas à base de feno de alfafa. J. Dairy Sci. 80 (Suppl.1):220 (Abstr.).

Pandey, A., Soccol, C.R., Rodriguez-Leon, J.A. e Nigam, P. (2001). Fermentação em estado sólido em biotecnologia: Fundamentals and applications. Asia tech, Nova Deli.

Phatak, L., Chang, K.C. e Brown, G. (1988). Isolamento e caraterização da pectina na polpa de beterraba sacarina. J. Food sci., 53,830-833.

Phipps, R. H., Sutton J. D., Beever, D. E., Bhat, M. K., Hartnell, G. F., Vicini, J. L. e Hard, D. L. (2000). Effect of cell wall degrading enzymes and method of application on feed intake and milk production of Holstein-Friesian dairy cows. J. Dairy Sci., 83 (Suppl. 1):236-237.

Phutela, U., Dhuna, V., Sandhu, S e Chadha, B.S. (2005). Produção de pectinase e poligalacturonase por um Aspergillus fumigatus termofílico isolado de cascas de laranja em decomposição. Braz. J. Microbiol. 36: 63-69.

Piccoli-valle, R.H., Passos, F.M.L., Passos, F.J.V. e Silva, D.O. (2001). Produção de pectina liase por Penicillium griseoroseum em biorreatores na ausência de indutor. Braz. J. Microbiol. 32:135-140.

Pinos, R. J., Gonzalez, S., Mendoza, G., Cobo, M., Bacena, R., Hernandez, A., Martinez, A., Ortega, M., Hoyos, G. e Jacques, K. (2000). Efeito de um suplemento de enzimas fibrolíticas (Fibrozyme) sobre a ingestão e a digestibilidade aparente da luzerna e do azevém fornecidos a borregos. J. Dairy Sci., 83 (Suppl. 1):275.

Pinos, R. J., Gonzâlez, S. S., Mendoza, G. D., Bàrcena, R., Cobos, M. A., Hernândez, A. e Ortega, M. E. (2002). Effect of exogenous fibrolytic enzyme on ruminal fermentation and digestibility of alfalfa and rye-grass hay fed to lambs. J. Anim. Sci., 80:3016.

Pinos, R. J., Moreno, R., Gonz'alez, S.S., Robinson, P.H. Mendoza, G. e Alvarez, G. (2007). Efeitos de enzimas fibrolíticas exógenas na fermentação ruminal e na digestibilidade de rações mistas totais dadas a cordeiros. Anim. Feed Sci. Technol., 10:1016

Pippen, E. L., Mc Cready, R.M. e Owens, H.S. (1950). Propriedades de gelificação de pectinas parcialmente acetiladas. J. Am. Chem. Soc. 72:813.n

Poorna, A.C. e Prema, P. (2006). Produção de endoxilanase sem celulase a partir de um novo *Bacillus pumillus alcalófilo* termotolerante por fermentação em estado sólido e sua aplicação na reciclagem de papel usado. Bio. Reso. Tech., 98: 485-490.

Rajoka, M.I. e Malik, K.A. (1997). Produção de celulases por quatro espécies nativas de celulomonas cultivadas em diferentes substratos celulósicos e agrícolas. *Folia Microbiol,* 42: 59-64

Rangarajan, V, Rajasekharan, M., Ravichandran, R., Sriganesh, K. e Vaitheeswaran, V. (2010). Produção de Pectinase a partir de Extrato de Casca de Laranja e Sólido de Casca de Laranja Seca como Substratos Utilizando *Aspergillus niger.* Jornal Internacional de Biotecnologia e Bioquímica, 6: 445-453

Ranilla, M.J., Tejido, M.L., Giraldo, L.A., Tric'arico, J.M. e Carro, M.D. (2007). Efeitos de uma preparação enzimática fibrolítica exógena na fermentação ruminal *in vitro* de três forragens e das suas paredes celulares isoladas. Anim. Feed Sci. Technol., 10:05- 46

Rasheedha, A. B., Kalpana, M. D., Gnanaprabhal, G. R., Pradeep, B. V. e Palaniswamy, M. (2010). Produção e caraterização da enzima pectinase de Penicillium chrysogenum. 3: 377-381

Reda, A. B., Hesham, M.Y., Mahmoud, A.S. e Ebtsam, Z.A. (2008). Produção de pectinase(s) bacteriana(s) a partir de resíduos agro-industriais em condições de fermentação em estado sólido. Jornal de Investigação em Ciências Aplicadas. 4: 1708-1721

Reddish, M. A. e Kung Jr, L. (2007). The effect of feeding a dry enzyme mixture with fibrolytic activity on the performance of lactating cows and digestibility of a diet for sheep. J. Dairy Sci. 90:4724-4729

Reid, I. e Ricard, M. (2000). Pectinase in paper making: solving retention problems in mechanical pulps bleached with hydrogen peroxide. Enzyme and Microbial

Technology 26, 115-123

Reitman, S., e Frankel, S. (1957). Método colorimétrico para a determinação da transaminase glutâmico-oxaloacética e glutâmico-piruvato no soro. Ann. J. Clin. Pathol, 28: 56.

Rode, L.M., Yang, M.Z. e Beauchmen, K.A. (1999). Suplementos de enzimas fibrolíticas para vacas leiteiras no início da lactação. J. Dairy Sci., 82: 2121.

Rode, L. M., Beauchemin, K. A., McAllister, T. A., Morgavi, D. P., Nsereko, V. L., Yang, W. Z. e Iwaasa, A. D. (2000). Enzymes as direct-fed additives for ruminants. *in* Focus on Biotechnology, M. Hoffman, ed., European Federation of Biotechnology. Federação Europeia de Biotecnologia.

Rodrigues, M.A.M., Pinto, P., Bezerra, R.M.F., Dias, A.A., Guedes, C.V.M., Cardoso, V.M.G., Cone, J.W., Ferreira, L.M.M., Colaçᵢ o. J. e Sequeira, C.A. (2008). Efeito de extractos enzimáticos isolados de fungos de podridão branca na composição química e digestibilidade in vitro da palha de trigo. Anim. Feed Sci. Technol. 141, 326-338.

Saddler, J.N. (1993). Bioconversão de resíduos de plantas florestais e agrícolas Biotechnol. Agriculture, no. 9. pp. 349, Reino Unido: C.A.B. International, Wallingford, Oxon.

Sapunova, L.I. (1990). Pectinohidrolases de *Aspergillus alliaceus* Biosynthesis characteristic features and applications. *Cand. Sci. (Biol.)*, Dissertação, Minsk: *Instituto de Microbiologia da Academia de Ciências da Bielorrússia.*

Sapunova, L.I., Lobanok, G e Mickhailova, R.V. (1997). Condições de síntese de pectinases e proteases por *Aspergillus alliaceus* e produção de uma preparação macerante complexa. *Appl. Biotechnol. Microbiol.* 33:257-260

Sarvamangala, R. P e Dayanand, A. (2006). Produção de pectinase a partir de cabeça de girassol sem sementes por *Aspergillus niger* em condições submersas e de estado sólido. Bioresource Technology 97; 2054-2058.

Sathyanarayana, N.G e Panda, T. (2003). Purificação e propriedades bioquímicas de pectinases microbianas - uma revisão. Process Biochem; 38:987-96.

Schimidt, J., Szak'acs, G., Cenkv'ari, E., Sipocz, J., Urb'anszki, K. e Tengerdy, R.P. (2001). Ensilagem assistida por enzimas de alfafa com enzimas por fermentação de substrato sólido. Bioresour. Technol., 76: 207-212.

Schingoethe, D. J., Stegeman, G. A. e Treacher, R. J. (1999). Response of lactating dairy cows to a cellulase/xylanase enzyme mixture applied to forage at the time of feeding. J. Dairy Sci., 82:996-1003.

Sheppy, C. (2001). O atual mercado das enzimas alimentares e tendências prováveis. Pages 1-10 in enzymes in farm animal nutrition. M. R. Bedford e G. G. Partridge, ed. CABI Publishing, Finn feeds Marlborough Wiltshire, Reino Unido.

Shin, I., Dowmez, S e Kilic, O. (1983). Estudo sobre a produção de enzimas pectolíticas a partir de alguns resíduos agrícolas por fungos. Chemical Microbiologie Technologie der Lebensm 8: 87-90.

Shoichi, T., Xoighi, K e Hiroshi, S. (1985). Produção de celulase por *P. purpurogenum*. J. Ferment. Technol., 62:127.

Siciliano-Jones. (1999). Strategies for coping with poor forage digestibility in dairy rations. In "Biotechnology in the Feed Industry", Loughborough, Leics, UK, pp. 87-96.

Siest, G., Henny, J e Schiele, F. (1981). Interpretation des examens de laboratoire, p. 206.

Silva, D., Martins, E.S., Silva, R. e Gomes, E. (2002). Produção de pectinase por Penicillium viridicatum RFC3 por fermentação em estado sólido utilizando subprodutos agro-industriais. Braz. J. Microbiol. 33: 318-324.

Smith, E. J. (1996). An industrial application of cellulases, J. Biotech. Bioeng. 73: 68-83.

Soares, M.N., Silva, R e Gomes, E. (1999). Screening de Estirpes Bacterianas para a Atividade Pectinolítica Caracterização da pgase Produzida por *espécies de Bacillus*.

Rev. Microbiol. 30: 229-303.

Solis-Pereira, S., Favela Torres, E., Viniegra-Gonzales, G. e Gutierrz-Rojas, M. (1993). Efeito de diferentes fontes de carbono na síntese de pectinase por Aspergillus niger em fermentação submersa e em estado sólido. Appl. Microbiol. Biotechnol. 39, 36-41.

Sutton, J. D., Phipps, R. H., Beever, D. E., Humphries, D. J., Hartnell, G. F., Vicini, J. L. e Hard, D. L. (2003). Effect of method of application of a fibrolytic enzyme product on digestive processes and milk production in Holstein-Friesian cows. J. Dairy Sci., 86:546.

Talha, M.H., Moawad, R.I., Zaza, G.H e Ragheb, E.E. (2002). Efeito da substituição parcial de grãos de milho por polpa seca de beterraba sacarina em rações para cordeiros em crescimento no seu desempenho produtivo. Agric. Sci Mansoura univ., 27 (8): 51935199.

Teeri, T.T. (1997). Degradação da celulose cristalina: novos conhecimentos sobre a função das celobiohidrolases. Trends Biotechnol, 15:160-7.

Titi, H. e Lubbadeh, W.F. (2004). Efeito da alimentação com enzima celulase nas respostas produtivas de ovelhas e cabras prenhes e em lactação. J. Small Ruminant, 52: 137-143

Titi, H.H. e Tabbaa, M.J. (2004). Eficácia da celulase exógena na digestibilidade em cordeiros e no crescimento de vitelos leiteiros. Liv. Prod. Sci., 87: 207 - 214

Torres, E.F., Sepulveda, T.V. e Gonzalez, G.V. (2006). Produção de pectinases despolimerizantes hidrolíticas. Food. Food Technol. Biotechnol. 44, 221-227.

Tricarico, J.M., Johnston, J.D., Dawson, K.A., Hanson, K.C., McLeod, K.R. e Harmon, D.L. (2005). Os efeitos de um extrato de Aspergillus oryzae contendo atividade de alfa-amilase na fermentação ruminal e na produção de leite em vacas Holstein em lactação. Anim. Sci. 81, 365-374.

Uhlig, H. (1998). Industrial enzymes and their applications, Nova Iorque: John Wiley & Sons, Inc., pp. 435.

Van de Vyver, W. F. J., Dawson, K. A. e Tricarico, J. M. (2004). Efeito da glicosilação na estabilidade da xilanase fúngica exposta a proteases ou fluido ruminal *in vitro*. Anim. Feed Sci. Technol., 116: 259-269.

Van Soest, P.J., Robertson, J.B. e Lewis, B.A. (1991). Métodos para a fibra alimentar, fibra detergente neutra e polissacáridos não amiláceos em relação à nutrição animal. J. Dairy Sci., 74: 3583-3597.

Vicini, J. L., Bateman, H. G., Bhat, M. K., Clark, J. H., Erdman, R. A., Phipps, R. H., Van Amburgh, M. E., Hartnell, G. F., Hintz, R. L. e Hard, D. L. (2003). Effect of feeding supplemental fibrolytic enzymes or soluble sugars with malic acid on milk production. Dairy Sci., 86:576.

Vivek, R., Rajasekharan, M., Ravichandran, R., Sriganesh, K. e Vaitheeswaran, V. (2010). Produção de pectinase a partir de extrato de casca de laranja e de sólido de casca de laranja seca como substratos utilizando *Aspergillus niger*. Jornal Internacional de Biotecnologia e Bioquímica. 6:445-453

Wallace, R. J., Wallace, S. J. A., McKain, N., Nsereko, V. L. e Hartnell, G.F. (2001). Influence of supplementary fibrolytic enzymes on the fermentation of corn and grass silages by mixed ruminal microorganisms in vitro. J. Anim. Sci., 79:1905-1916.

Wang, Y., McAllister, T.A., Rode, L.M., Beauchemin, K.A., Morgavi, D.P., Nsereko, V.L., Iwaasa, A.D. e Yang, W. (2001). Effects of an exogenous enzyme preparation on microbial protein synthesis, enzyme activity and attachment to feed in the Rumen simulation technique (Rusitec). Br. J. Nutr. 85, 325-332.

Weiland, P. (1993). Digestão anaeróbia em uma e duas etapas de resíduos sólidos agro-industriais. Water Sci. Technol. 27: 145-151

Wood, T.M., e Garica-Campayo, V. (1990). Enzimologia da degradação da celulose. Biodegradação, 1:147-61.

Woodman, H.E. e Calton, W.E. (1928). A composição e o valor nutritivo da polpa de beterraba sacarina. J. Agric. Sci., camb, 18, 544.

Yang, W.Z., Beauchemin, K.A. e Rode, L.M. (1999). Effects of an enzyme feed additive on extent of digestion and milk production of lactating dairy cows. J. Dairy Sci., 82: 391-403.

Yang, W.Z., Beauchemin, K. A. e Rode, L.M. (2000). A comparison of methods of adding fibrolytic enzymes to lactating cow diets. J Dairy Sci., 83:2512.

Zetelaki-Horvath, K. (1980). Factores que afectam a atividade da pectinase. Ata Alimentaria 10, 371-378.

Zhang, Y.H.P. e Lynd, L.R. (2004). Toward an aggregated understanding of enzymatic hydrolysis of cellulose: noncomplexed cellulase systems. Biotechnol Bioeng., 88:797-824.

Zheng, W., Schingoethe, D.J., Stegeman, G.A. Hippen, A.R. e Treachert, R.J. (2000). Determinação do momento durante o ciclo de lactação para começar a alimentar vacas leiteiras com uma mistura de enzimas celulase e xilanase. J. Dairy Sci., 83: 2319.

Zheng, Z. e Shetty, K. (1999). Produção em estado sólido de poligalacturonase por *Lentinus edodes* utilizando resíduos do processamento de frutos. Process Biochem. 35: 825-830.

Zinn, R. A. e Salinas, J. (1999). Biotechnology in the Feed Industry, Proc. Alltech 15th Annual Symposium, Nottingham University Press, 313 p.

yes
I want morebooks!

Buy your books fast and straightforward online - at one of world's fastest growing online book stores! Environmentally sound due to Print-on-Demand technologies.

Buy your books online at
www.morebooks.shop

Compre os seus livros mais rápido e diretamente na internet, em uma das livrarias on-line com o maior crescimento no mundo! Produção que protege o meio ambiente através das tecnologias de impressão sob demanda.

Compre os seus livros on-line em
www.morebooks.shop